圖解水族箱造景

從選擇熱帶魚・水草開始，打造心目中的優游水世界

千田義洋 監修
胡文菱 譯

U0056265

Enjoy Aquarium

享受水族箱的樂趣

放在桌上的小型水族箱中，
數隻孔雀魚精神奕奕地優游其中。
輕輕擺動的尾巴閃閃動人，
水草也隨著水流悠然起舞。
用淡藍色的孔雀魚、鮮綠色的水草，
以及紅色石頭造景而成之既熱鬧又華麗的水族箱，
一定能為您的生活增添不少樂趣。

TANK LAYOUT NO. **4**

孔雀魚和紅木化石

23 × 23 × 25（H）   ▶P66

用心感受水族箱

就算沒什麼熱帶魚在水中游泳，
以水草為主的水族箱還是能讓人感受到水族箱之美。
鹿角苔會在行光合作用時冒出美麗的氣泡，
密布的線狀水草隨著水流悠然擺動。
清涼的石頭造景再加上鮮綠的毛毯。
在漆黑的房間裡只要打開水族箱的照明燈，
就能讓人彷彿忘記時間的流逝般深深為之著迷。

鹿角苔和正統的石頭造景

開始製作水族箱

美麗的熱帶魚與水草合奏，
神仙魚與紅蓮燈
在由各式各樣有莖草交織而成的森林中優雅地游動。
這是在寬90㎝的大型水族箱中
擺設大量的流木與石頭，氣派非凡的水族箱造景。
花了好幾天辛苦打造而成的水族箱，
不論是完成時的喜悅或是之後欣賞眺望的樂趣都別具一格。
試著想像在家裡看見如此寬闊水景的感覺，
開始動手製作水族箱吧！

正統的專業水族箱

90×45×50 H
▶P138

CHAPTER 2

第一次製作水族箱

CHAPTER **3**

初級造景篇

CHAPTER 4

中·高級造景篇

TANK
LAYOUT
NO.

10

展現專家的技巧──大型水族箱

正統派的專業水族箱 138

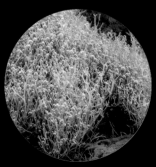

※本書所介紹的店鋪情報、熱帶
魚、水草、飼育器具等名稱，都是
2018年2月的資訊。

前言

一旦開始製作「水族箱」，就會每天都離不開水、熱帶魚以及水草。

飼養魚和水草的過程中，可能會發現有很多困難或是辛苦的地方，但是水族箱一定會有讓你感受到超越那些艱難的喜悅、美妙或是療癒的瞬間。

本書會解說開始製作水族箱時所需要的各種技巧以及注意事項。

水草與熱帶魚都是生物，所以凡事不一定都能盡如人意，不過只要全心全意地去經營，所學到的知識與經驗還是會以具體可見的形式回饋給你。

希望在閱讀本書後，能讓各位的水族箱生活變得更加充實。

千田 義洋

在「電視冠軍」（日本東京電視台）的「水中造景王錦標賽」中取得兩次冠軍，以及在日本最大型的熱帶魚、觀賞魚活動的設計比賽中奪取五連霸等，在許多造景比賽中，都拿到相當優秀的成績。此外也經常上電視節目、接受水族箱雜誌的採訪等，是一位在各個領域中都很活躍的水草造景師。

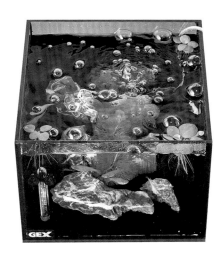

如何開始製作水族箱

CHAPTER 1

解決開始之前的煩惱！

水族箱Q&A

在開始製作水族箱之前，可能會因為不懂的事情太多而感到不安。在此將為各位解答初學者常有的疑問。

Q & A 「熱帶魚」是什麼魚？

▶ 水族箱裡的「熱帶魚」
指的是棲息在熱帶河川的淡水魚

熱帶魚主要來自東南亞或南美的淡水河。著名的小丑魚因為是海水魚，所以棲息的地方與生態都和熱帶魚不同。有些專賣店會把海水魚放在淡水魚的樓層賣，但是這兩種魚不能放在同一個水族箱裡飼養，請各位絕對要避免弄錯。

Q & A 熱帶魚的壽命大概有多長？

▶ 小型魚大概二至五年，
中、大型魚可以活到五年以上

像日光燈這種小型魚或是比牠大一點的中型魚可以活二到五年，神仙魚等大型魚若是在良好的狀態下飼養，壽命有機會長達十年左右。本書所介紹的熱帶魚中，也有只能活一年多的孔雀魚和兩到三年的鬥魚等短命的品種。

Q & A 不知道如何飼養熱帶魚和水草時，該從何處下手？

▶ 可以從決定「想飼養的熱帶魚」
或是「水族箱的尺寸」開始

如果已經決定好實際上能放得下的水族箱尺寸，便會需要選擇適合在其中飼養的熱帶魚和水草，因此能夠下大致的方針。另外，如果已經有想飼養的熱帶魚或水草，只要調查適合牠們生長的環境，自然就會知道該準備哪些器具。

&A 一定要每天都餵飼料和換水嗎？

▶ 只要魚和水質穩定，
就不用每天照顧

透過每天觀察水族箱來確認是否有異狀是
很重要的，不過如果水質穩定，就不需要
每天都換水或餵飼料。只要讓水裡的環境
保持穩定，管理水族箱並不會太麻煩。

&A 出門旅行或是回老家等，有幾天不在家的時候該怎麼辦？

就算有幾天不在家，
也大致不會有問題

在穩定的水族箱中，熱帶魚也已經適應環
境的情況下，就算有幾天不管牠也沒問
題。要注意的反而是不要在旅行前餵太多
飼料，或是做出導致水質變差的舉動。擔
心的話，也可以用會在設定好的時間自動
餵飼料的自動餵食器。

&A 每個月大概需要多少電費？

▶ 小型水族箱大概花不到
1000日圓（約300台幣）

每個家庭的電費都不太一樣。不過我以前
曾經估算過，60cm的水族箱在冬天（開
加熱器而導致電費提高的時期）一個月大
概會花費1500日圓。現在的照明設備大
都採用省電的LED燈，若是小型水族箱
就更省錢了。

&A 養育水草時，應該要把水族箱放在採光良好的地方嗎？

不建議放在採光良好的地方，
因為會讓水族箱容易長青苔

很多人都傾向把水族箱放在採光良好的地
方，但是以管理層面來看其實並不恰當。
與照明設備相比，日光是非常強烈的光
線，容易培養出會污染玻璃的藻類。因此
建議盡可能放在照不到日光的地方。

從這裡開始

挑選想飼養的熱帶魚品種

一開始可能會不知道自己想做出什麼樣的水族箱，這時可以從挑選魚的種類開始。

🐟 神仙魚

若你喜歡氣派非凡的熱帶魚……

神仙魚被稱為熱帶魚中的國王，如果喜歡牠，就可以選擇魄力十足的水草造景。

🐟 鼠魚

若你喜歡表情動作可愛的熱帶魚……

如果你喜歡的是討喜的鯰魚夥伴——鼠魚，就可以嘗試混養各種魚類、創造多彩熱鬧的水族箱。

🐟 巧克力飛船

若你喜歡個性沉著穩重的熱帶魚……

如果喜歡顏色比較深的飛船魚，便可以用流木搭配水蕨或是放些石頭完成造景水族箱。

從性質和生態等各種不同的面向來判斷

即使是pH等水質方面性質相符的魚類，一起飼養的過程中也可能會引發其他問題。熱帶魚中也有性情暴躁，會把其他魚的魚鰭咬爛的。舉例來說，要注意避免把神仙魚和孔雀魚放在一起養。

另外，如果混養行動快速與行動遲緩的魚類，可能會讓行動慢的魚類搶不到飼料吃。魚類之間是否相容，必須從各種不同的面向來判斷。

| ◀酸性 | 弱酸性（6.0～6.8） | 中性（7.0） | 弱鹼性 | 鹼性▶ |

pH

◆什麼是pH（pH值／酸鹼值）？
用來表示水質的單位之一。以0～14的數字來表示酸性或鹼性。大部分的熱帶魚和水草都適合生長在弱酸性～中性（6.0～7.0）的水質下。

紅白水晶蝦等品種

小型波魚（金三角燈等品種）

非洲慈鯛等品種

神仙魚

孔雀魚等品種

小型脂鯉（日光燈等品種）

滿魚等品種

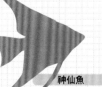

小型慈鯛（隱帶麗魚等品種）

鼠魚等品種

各種水草

為了讓魚和水草保持在良好的狀態並且長期飼養牠們，維持適合每一隻魚和每一株水草的pH值是很重要的。像是「非洲慈鯛與天使魚」這種相容度很差的組合，若想同時飼養，難度會相當大。

※以上為粗略的數值

百聞不如一見
前往水族用品專賣店

▶ **水族用品專賣店
集合了各種資訊**

　　要收集水族箱的商品和情報，最快的當然就是前往專賣店。其特徵在於可以收集到網路上所缺乏的、只有現場才有的資訊。

◆ **在生物區（淡水魚、蝦）觀察牠們的動靜**

▶ **可以實際觀察到
各種生物的姿態與行為**

　　親眼見識到魚的顏色、游泳方式、以及身形大小等等，才能真正地成為自己的知識。仔細觀察放有生物的水族箱後，勢必能夠漸漸分別出狀況良好或並非如此的個體。

◆ **確認在造景水族箱中生長的樣態**

▶ **能夠確認水草和熱帶魚生長的
樣態──珍貴的造景水族箱**

　　於店內展示的造景水族箱中，可以實際觀察到水草和熱帶魚在其中生長的情形。像是水草葉片的增生方式、性情暴躁的魚類會有多激動……等等，可以確認許多不親眼看到就無法明白的事情。

在水草區培養能夠區分狀態的好眼力

水草會以盆裝或束狀等各種型態出售

　　不同的店家會用不同的方式出售水草，管理狀態也不盡相同。如果有辦法多去幾家店面，試著比較每家店的水草，漸漸地就能看出狀態的好壞。

有時還能碰到從國外進貨的珍貴水草

　　有些店家可能會賣在市面上流通量較少的珍貴水草。或許可以遇到能為水族箱吸睛的獨特水草。

選擇時可以實際觸摸器具

選擇時能夠用眼睛看到實物，並且和店員商量

　　在選擇飼養器具、流木和石頭等造景素材時，最好能夠實際觸摸一下商品。汰舊換新時，買玻璃水族箱和底櫃等大型商品時會比較麻煩，而專賣店的可貴之處，就是能夠看到實體商品後再做決定。

不懂的事情可以請教店員

店員會回答我們的疑問和煩惱

　　就算身邊沒有可以聊水族箱的人，也能向店員請教各種事情。並非所有的店員都很了解水族箱，不過只要用心提問或請教，對方一定會很樂意分享在店裡所學到的知識。

只要有這些東西就夠了！

選擇飼養器具

飼養器具的清單

- ☐ **水族箱**
- ☐ **過濾器**（＋濾材）
- ☐ **底砂**（黑土等）
- ☐ **照明設備**
- ☐ **水草用品**（鑷子等）
- ☐ 水桶
- ☐ 氣泡石
- ☐ 清掃用海綿
- ☐ 換水用水管
- ☐ 加熱器、水溫計
- ☐ 挖砂鏟
- ☐ 水質穩定劑（除氯）
- ☐ 計時器
- ☐ 滴管
- ☐ 空氣幫浦
- ☐ 飼料
- ☐ 塑膠魚缸
- ☐ 打氣透明風管
- ☐ 撈魚網
- ☐ 背景貼紙

◆ 水族箱、水族箱底櫃

▶ 注意各種水族箱的長寬比都不太一樣

　　水族箱和水族箱底櫃都有很多種尺寸。而這兩樣都不是會常常汰舊換新的東西，建議把在家裡放置的位置和預算都考慮進去後再慎重做決定。除了思考箱內的造景，也不要忘記注意長寬比。

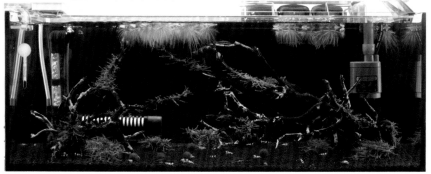

**過濾器有各式各樣的種類，
在買之前要先了解過濾方式的不同**

　　一般來說，造景水族箱所使用的過濾器分成外部式、外掛式和上部式等種類。建議了解每個種類的特徵，譬如保養難度、水流強度等之後，再配合想要製作的水中環境選擇適合的過濾器。

過濾方式	易保養程度	CO_2添加效率	過濾容量
外掛式	◎	○	△
上部式	○	△	○
外部式	△	◎	◎

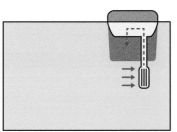

1 外掛式過濾器

不論是想變換過濾槽中的濾材，或是進行保養都很簡單。價錢大部分都很便宜，經常與小型～中型的水族箱成套賣。如果是以其他過濾器為主，也可以作為輔助使用，是用在各方面都很便利的過濾器。

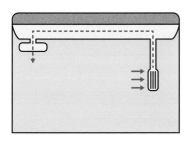

2 上部式過濾器

大多用在以飼養生物為主的水族箱。過濾槽很寬，而且比外部式容易保養，過濾起來相當安定。由於它的正下方照不到燈光，CO_2 添加效率也較差，因此通常不會用在以飼養水草為主的水族箱。

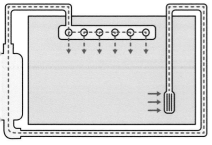

3 外部式過濾器

對以飼養水草為主的人來說，具有壓倒性的高人氣。能讓水在密閉的狀態下流動，CO_2添加效率也相當高，因此能夠製造出適合水草生長的環境。過濾槽很寬，大小還可以客製化，具有很強的過濾能力。由於零件很多，因此在組裝時可能會比較費時費力，不過對水草水族箱來說是不可或缺的器具。

照明設備

配合想養的水草來挑選

照明是和培育水草有關的重要器具。如果想養的水草需要大量的光線，就要選擇亮度較強的照明，必須配合想養的水草選擇適合的器具。

底砂

了解底砂的特性以後再做選擇

底砂是影響水質的重要因素，因此在選擇之前必須先充分理解其特性。一般來說，讓水質偏向酸性的黑土大多用在水草水族箱。

大多呈現咖啡色～黑色，顆粒的大小和顏色濃淡會有所不同。

不同商品的顆粒大小以及顏色都會有所不同，可以配合水草和熱帶魚的氛圍來選擇。

CO₂添加器具、空氣幫浦

想認真培育水草的話，CO₂添加器具是必需品

　　我會在專欄中解說空氣補給（aeration）（p28）與CO₂添加器具（p114）的用途，希望各位可以參考看看。建議製作水族箱時最好備有一台空氣幫浦。

水草相關商品

鑷子與剪刀是培育或照顧水草時不可或缺的工具

　　種植和修剪水草時一定會用到鑷子與剪刀。剪刀根據用途的不同，有前端彎曲或是長短不同等各式各樣的種類。首先可以選擇適合自己的手並且方便使用的樣式。

選擇的時候要看好長短與前端的形狀。

固態肥料　　　　　　液態肥料

水草專用的肥料可以提高培育的效率

　　液態肥料和固態肥料並非不可或缺的東西，不過當水草的狀態不好時，加入肥料可以幫助它們生長，非常便利。就算亂加也不會有顯著的效果，因此建議在使用之前先好好了解使用的時機。

在家設置水族箱

之後再移動會很麻煩，所以要慎選設置的地方

　　加水過後的水族箱是很重的。各位可以參考下表的總水量來了解大致會裝多少水。1ℓ大概是1kg，再加上地基、流木、石頭等素材的話，實際重量更重。因此，放置水族箱的底櫃或地板必須要是非常堅固的材質。

　　為了選出適當的地方，希望各位可以事先確認五點注意事項。此外，如果要貼背景貼紙，建議在設置前貼好。

水族箱 （長×寬×高）	總水量	加熱器	黑土 （每1cm的高度）
20×20×20	7.4ℓ	10w～50w	0.4ℓ
30×30×30	25ℓ	75w～100w	0.9ℓ
36×22×26	19ℓ	75w～100w	0.8ℓ
45×27×30	34ℓ	75w～100w	1.4ℓ
45×30×30	39ℓ	100w～150w	1.5ℓ
60×30×36	60ℓ	150w～200w	1.8ℓ
60×45×45	112ℓ	200w～300w	2.8ℓ
90×45×45	166ℓ	300w～400w	4.7ℓ
120×45×45	219ℓ	400w～600w	6.0ℓ
120×45×60	295ℓ	600w～700w	6.0ℓ

※當總水量為滿水的時候，黑土的數值為大概的數字。

確認地板的水平與強度

設置水族箱時，請務必事先確認設置地點的水平與強度。若有些微傾斜，水壓將會集中到其中一邊，如此一來就有可能引起破裂。此外，若總重量超過100kg、地板強度又不夠的話會很危險，建議先向專家確認過後再設置。

遠離採光良好的窗邊

與照明設備相比，日光是非常強烈的光線。因此在日光直射的環境下，水族箱裡會非常容易長出藻類。另外被日光一照，溫度就相當容易上升，如此一來魚和水草的狀態就不好管理。建議各位盡量將水族箱設置在照不到日光的地方。

避開有人時常進出的地方

不建議將水族箱設置在家人頻繁進出的走廊或門邊。因為匆忙經過時，受到驚嚇的魚有可能會跳出水族箱。要記住盡可能製造出能讓魚放鬆的環境。

前後左右與上方的空間

考慮到換水、修剪和種植水草等，最好在水族箱的前後左右以及上方保留足夠的空間。要注意避免太靠牆導致很難清掃，或是沒地方裝外部式過濾器的水管等情況發生。

漏水或是發生其他問題時的處理辦法

水族箱漏水會導致大量的水流出，住在大樓裡的話可能會給樓下的人添麻煩。當然，能避免發生這種問題是最好，不過為了預防萬一，買好「個人賠償責任保險」會比較安心。

設置水族箱 ① 製作地基

▶ 決定好設置地點後，
首先要從製作地基開始

決定好水族箱的地點，並且準備好必要的器具後，就可以開始實際製作水族箱了。這個步驟最重要的就是保持冷靜、不要焦急。

▶ 製作地基跟放魚進去要在不同天進行

遵守這項鐵則，首先從做好地基和調整水質開始。

設置水族箱 ② 製作箱內的環境

▶ 想要調整出好水質的關鍵
在於忍耐一星期

忍住想快點放魚進去的心情，讓過濾器運轉大約一星期。

▶ 調整水質大約需要一星期的時間

在這段期間，可以去專賣店物色想要買的魚，一邊期待迎接魚的日子一邊等待那一天的到來。

去專門店購買健康的魚回家

買好魚之後，回家的路上要小心注意避免搖晃到。冬天時需注意不要讓溫度下降太多；夏天時則要注意避免溫度上升，迅速返家。

▶ 買好魚後要馬上回家

只差一點就能迎接魚兒回家，不過在那之前還有一個重要步驟——也就是水質調整等著你。

設置水族箱④ 放魚進去之前一定要記得做水質調整

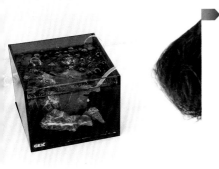

一定要養成做好水質調整的習慣

壓抑迫不及待的心情，先仔細進行「水質調整」。所謂的水質調整，是指將家中水族箱內的水和裝魚之塑膠袋中的水一點一滴地混在一起，進而調整水質。

▶ 一定要做好水質調整！

花一點時間做好水質調整，完成後才終於能鬆一口氣。水族箱的設置就到此結束，之後便開始管理水族箱的生活。

活用空氣補給

空氣補給，指的是用空氣幫浦將空氣打入水中。以前的金魚水族箱所用的「氧氣幫浦」其實就是在進行空氣補給。

透過空氣補給讓氧氣融入水中，有防止魚和過濾細菌陷入缺氧狀態的效果。

此外，用打氣透明風管連結水中過濾器，就能讓空氣幫浦成為過濾裝置的一部分，進而運作。

1 當作水中過濾器使用

從30頁開始介紹的鱂魚之水族箱造景，就是使用空氣幫浦形成的水中過濾器作為主要的過濾裝置。如果只是在小型水族箱內飼養少量的魚，這樣的裝置便足以維持穩定的水質。

2 降低水溫

天氣太炎熱導致水溫上升時，進行空氣補給可以稍微降低水溫。光是如此當然不夠，最好能併用冷卻風扇來降溫，但是空氣補給在降低水溫時是能發揮作用的。

3 調整水質時的氧氣供給

在導入紅白水晶蝦等生物、花時間慢慢進行水質調整的時候，水桶裡的水溫可能會升高導致缺氧。透過進行空氣補給，可以稍微解決這個問題。

4 裝上止逆閥

進行空氣補給時，要特別注意「逆流」的狀況。水族箱內的水若逆流至空氣幫浦，很可能會引發故障。「止逆閥」就是為了防止逆流而產生的商品，連結在空氣幫浦與氣泡石之間，可以防止逆流發生。

第一次製作水族箱

CHAPTER 2

可以了解飼養與造景基本的小型水族箱
用鱂魚開始造景

◇ 試著製作不論從上方或側面觀察都能樂在其中的造景

日本的鱂魚雖然不是熱帶魚，但卻是花色簡單且美麗的觀賞魚。鱂魚比熱帶魚更能適應各種水質和水溫，容易飼養這點也很適合初學者。

此種水族箱的造景是用石頭和簡單的水草組合而成的。鱂魚是由上方觀察也很可愛的魚類，所以造景時可以注意從上面俯瞰的視角來安排石頭的配置。

造景素材使用的是青龍石系的亮白色石頭。

白鱂魚與楊貴妃鱂魚。成魚會長到4cm左右，是高雅美麗的品種。

GEX

◆ *AQUARIUM TANK DATA*

🐱 長20cm × 寬20cm × 高14cm	🐱	鱂魚的天然過濾黑土
🌡 20～28℃、pH6.5	🐟	白鱂魚、楊貴妃鱂魚
⚙ GEX 小型水中過濾器	🌿	水盾草、爪哇莫絲、蛙蹼草
💡 無照明		

水族箱的地基
學習重要的地基製作

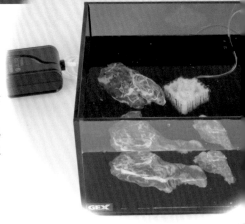

　　本篇將會解說放入黑土、石頭、水的順序與器具設置等製作造景水族箱之基本流程。

　　黑土和基肥砂都能用來飼養鱂魚，不過為了從上方俯瞰時，讓白鱂魚的泳姿更加引人注目，這次選擇用顏色較深的黑土作為底砂。

◆ 在開始設置之前先準備好器具

　　為了避免發現有缺東西後才慌忙跑去買，可以事先準備好要放入的器具和造景素材。本次使用的器具如下：

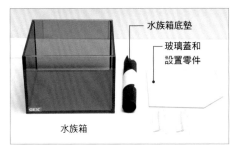

水族箱底墊

玻璃蓋和設置零件

水族箱

過濾器

空氣幫浦

黑土

POINT!

▶ 事先檢查必備的器具

1 決定好設置地點

水族箱底墊

鋪好底墊後，把水族箱放上去。底墊如果會翹起來，可以用膠帶固定。

2 安裝器具

空氣幫浦　　過濾器

安裝過濾器和空氣幫浦，想像造景的模樣來決定空氣浦的位置。

將水倒進去

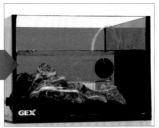

在底砂上方鋪廚房紙巾。

用杯子或水桶慢慢地將水倒在廚房紙巾上。

如此一來，就能避免倒水時不慎破壞擺好的造景。

完成地基

從前方、斜角以及上方看都能接受的話，地基就完成了。

從上面看的狀態

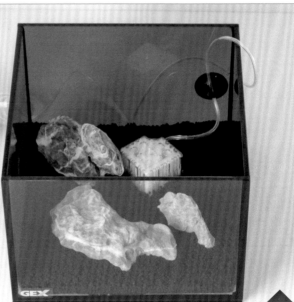

3 倒入黑土

土與基肥砂不同，不需要先洗過，可以直接倒入水族中鋪平。

4 擺設石頭

一邊思考造景，一邊將石頭一一擺設進去。要小心不要刮到玻璃。

2 栽種水草①

種植前的準備很重要

如果直接把從專賣店買來的水草放入水族箱，時常會無法做出想要的造景。水草在種植之前的準備是很重要的。

以下統整了初學者容易受挫、必須事先考慮的幾點事項，各位可以透過這些內容學到「水草的基本」。

◆ 種植水草之前需要思考和小心的事情

1 思考用來造景的水草種類

水草並不是在所有環境下都能生長。注意「底砂的種類」、「光量」、「有無添加CO_2」等，確認那些水草是否能在自己設置的水族箱中順利生長。一開始可以選擇「適合初學者」、不論在任何環境下都很容易培育的水草。

---

2 確認是否可以買來直接種植

國外農場所生產的水草，有些會為了維持品質而添加農藥。如果把這種水草直接放進水族箱，可能會對其他生物造成影響。對魚類或許不需要這麼大驚小怪，但如果是對水質敏感的蝦子，最壞的情況甚至會導致死亡。為了避免這種事情發生，可以在購買水草時請教店員，或是放入沒有其他生物的水族箱中幾天後再用來造景。

POINT !

▶ 若有飼養蝦子等對水質較敏感的生物，導入水草時務需加倍小心！

3 認識用來照顧水草的便利工具

除了必備的鑷子和剪刀，專賣店也有賣其他水草專用的工具。像是能夠去除農藥的商品、用於種植後的液態肥料、加在底砂的固態肥料、能夠產生CO_2的發泡錠等，若能有效使用，就能讓栽培水草變得更容易，是非常方便的工具。

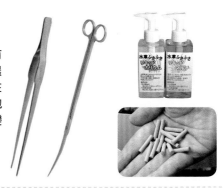

4 為種植水草所需的適當處理

不要一買來就直接把水草放進水族箱，可以先去除老舊的莖部或是調整高度等，做一些事前處理也是很重要的。以下將解說用來放進鱂魚水族箱內的水草該如何處理。

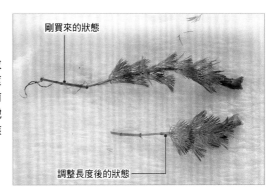

剛買來的狀態

調整長度後的狀態

製作不用種植就能使用的附鉛水草

一般來說，造景水族箱中都會把水草種在黑土等底砂中培育，但這樣一來就很難把水草種在一開始期望的位置。因此首先可以製作能夠輕鬆移動位置、調整配置的附鉛水草，進行造景。

備好兩到三支調整過長度的水草，把海綿片等柔軟東西捲在根上。

在海綿外圍捲上鉛片等有重量的東西。

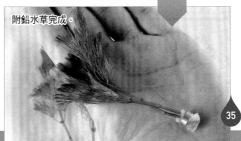

附鉛水草完成。

POINT!

→ 用能夠一再調整位置的附鉛水草來嘗試各種造景

3 栽種水草②
嘗試用水草造景

　　參考前一頁的內容做好栽種前的準備，就可以實際嘗試用水草造景了。

　　這與擺設地基時的概念差不多，不過在安排水草位置時還要用水草和石頭把過濾器等器具藏起來，並且要注意配置均勻、不要都集中在同一個地方。

1 配置附有水草的石頭

附爪哇莫絲的石頭

在水族箱的左右配置附爪哇莫絲的石頭（配置的位置請參照右頁）。

2 處理水草

水盾草

將水盾草修短至符合水族箱的高度，並且製作成鉛水草（35頁）。

3 配置附鉛水草

將附鉛水草配置在水族箱的後方和中心位置。
只要放著就可以了，但是不小心種下去也沒關係。

4 加上浮草

蛙蹼草

將作為浮草的蛙蹼草放上去。買回來時如果根部很長先修短再放。

➡ 水草的配置

把水草配置成能夠遮藏住過濾器的模樣。想培育水草的話，可以夾上水族箱燈；如果不用照明器具，水草枯萎就買新的來換。

後　▶P112
水盾草
葉片纖細的水草，適合作為後景草使用。

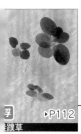

浮　▶P112
○○草
○形的浮草。加上照明○很好培育。

中　▶P104
爪哇莫絲（附石頭）
會扎根的水草。適合作為中景草使用。

5 栽種完成

栽種完成後讓過濾器運作約一星期，維持好水質之後，再把鱂魚放進水族箱。

將枝狀漂流木配置在水族箱上方，擺得稍微超出去一點（31頁）就能增添時尚的感覺。

枝狀漂流木

GEX

可以作為室內裝飾的美麗球型水族箱

鬥魚與觀葉植物

水族箱的專賣店裡有時也會擺放觀葉植物。此外，在花店、大賣場、雜貨店等地方也買得到。

容量大約2ℓ的玻璃水族箱。玻璃部分和白色的基底部分是可以拆開的。

◆ 飼養如寵物般可愛的鬥魚

　　飼養鬥魚時可以欣賞牠擺動方式獨特的尾鰭、優雅游泳的姿態，牠還會在餵飼料時靠過來，是能像寵物般互動的熱帶魚。此外，只要好好管理，就算沒有過濾器也能輕鬆飼養，這點也是牠的魅力之處。

　　搭配觀葉植物造景的話，就能做出可以當成室內裝飾的漂亮水族箱。

◆ *AQUARIUM TANK DATA*

🐱 長 22cm× 寬 17cm×高 18.5cm（水族箱本體尺寸）	🪔 療癒水景 彩色玻璃石 水晶藍（GEX） 療癒水景 彩色玻璃石 透明（GEX）
🌡 26℃、pH6.2	🐟 鬥魚
🔻 無過濾器	🌿 松藻、傅氏鳳尾蕨（觀葉植物）、 婚紗吊蘭（觀葉植物）
💡 無照明	

水族箱的地基①

使用觀葉植物的造景

　　觀葉植物與用在水草造景水族箱中的植物生態不同，儘管無法在水裡培育，不過外表的契合度頗高。

　　白色基底與水族箱的部分是分開的，可以試著想想是否有能活用這點的造景。

◆ 使用容易栽培的觀葉植物

只要小心避免乾燥，傅氏鳳尾蕨和婚紗吊蘭並非多難栽培的觀葉植物。不用堅持一定要用以上兩種植物，只要選擇有相似特徵的都行。

1 把黑土倒入地基部分

把基底部分拆下來，倒入黑土。也可以用觀葉植物專用土。

2 放入觀葉植物

傅氏鳳尾蕨

有盆栽的話先從盆栽取出再放入觀葉植物。如果看到萎的葉子就先剪掉再放。

5 完成地基

把基底部分裝回去後就完成地基了。觀葉植物需要給予適當的水分以避免乾燥。

加完黑土後可以用噴霧器澆水。

3 補足觀葉植物

從上面看的狀態

婚紗吊蘭

婚紗吊蘭分成兩枝，分別放在基底的左右。

4 補足黑土

補充黑土以固定觀葉植物。

2 水族箱的地基②

思考設置後的事情

　　可以倒入黑土或基肥砂後再種水草進去，不過這次造景的主旨是能夠輕鬆照顧的水族箱，因此會放入樹脂製的底砂素材以及松藻來當作浮草。

　　思考設置後的事情，如何擺設才能讓之後照顧起來更容易，也是造景時需要注意的事項。

1 放入底砂素材

將樹脂製的底砂素材洗過以後再放進去。請使用不會影響水質的水族箱專用素材。

2 倒水進去

用水桶倒入除氯後的水。

3 放入水草

放入松藻或蛙蹼草等浮草。

4 設置加熱器

由於鬥魚是熱帶魚，因此冬天需要放入加熱器來調整水溫。

Q & A 有能夠避免魚兒受傷的移動方法嗎？

▶ 用小塑膠杯或量杯就可以了

像鬥魚這種尾鰭較長的魚類，如果用網子撈就必須小心不要傷害到魚鰭。這時可以用小塑膠杯來移動牠。在清掃水族箱時，可以用這個方法讓魚暫時避難。

保養水族箱的方法以及飼養鬥魚的基本

1 每週要清理水族箱一次

清理水族箱時，先讓鬥魚避難，再用網子撈起糞便等髒東西。之後，用水清洗底砂素材，並且把玻璃清乾淨。將水族箱的部分拆下來，拿到洗手台倒掉一半的舊水之後再倒入新水。這時要注意維持原本的水溫。

2 用逗魚（flaring）讓鬥魚維持美麗的狀態

「逗魚（flaring）」是讓鬥魚的尾鰭維持美麗的祕訣。用小鏡子去刺激鬥魚的話，牠會大幅展鰭進行威嚇行動，可以預防魚鰭黏成一團。儘管如此，如果太常利用這個方法，會使鬥魚過度勞累，所以一天不要逗魚太多次。

用熱帶魚和水草製作第一個水族箱
滿魚與簡單的水草

◆◆ 選擇容易飼養的熱帶魚與水草，做出清爽的地基

這是初學者也能輕鬆飼養、混養滿魚和日光燈的水族箱。後景和中景主要種植容易培養的水草。數隻滿魚搭配數量較多的日光燈，比例會感覺比較均勻，搭配出繽紛熱鬧的水族箱。

能否做出清爽的感覺，地基的影響相當大。配置時若以多彩的砂子和帶點黃色的石頭為主，就會顯得比較明亮。

如果過濾器等器具也用白色，更能給人清新的印象。

造景素材使用的是帶點黃色的「木化石」。此種石頭與橘色系的砂子很搭。

◆ *AQUARIUM TANK DATA*

長 40cm × 寬 25cm × 高 31cm	玻璃石 橘 6.5kg（SUDO）
26℃、pH6.5	米老鼠魚、日光燈、小精靈（耳斑鯰）
AQXT Filter M（KOTOBUKI）	小水蘭、葉底紅、異葉水蓑衣、白頭天胡荽、小獅子草、迷你小榕、矮慈姑
8小時照明／AQXT LED 36（KOTOBUKI）	

1 水族箱的地基

做出清爽的地基

由於想做出「明亮」、「清爽」的感覺，因此地基會選用有顏色的砂石。使用明亮的砂石代替黑、褐色系的黑土，就能輕易表現出清爽的感覺。造景素材的石頭也配合砂石的顏色選擇黃、紅褐色系。

1 倒入砂石

過濾器

加熱器

先把過濾器和加熱器等機材設置好之後，再倒入之前先放在水桶內清洗過的砂石。

2 調整砂石

用手調整砂石。將前方弄低、後方弄高，調整出斜度

Q & A 砂石或黑土應該要用多少量？

▶ 種植水草至少需要3cm的量

底砂如果只有2cm，也不太好種水草。剛開始倒多一點會比較好，3cm以上較佳。

將砂石調整出斜度，除了可以添加造景的深度，水草也會變得比較好種。

調整石頭的高度

── 撥開砂石

在想放石頭的地方事先撥出一個凹洞。

透過埋進砂石中來降低石頭的高度。

在思考水族箱造景時，有時候可能會因為想用的石頭太大而煩惱。這時為了調整石頭的大小而去削或割開石頭都不太實際，其實只要把一部分石頭埋進底砂裡就行了。如左圖，把石頭埋進砂石裡，多少可以調整石頭從正面看起來的大小。

3 配置石頭

從上面看的狀態

一邊思考種植水草的地方（這次是在水槽左右側的後方），一邊配置石頭。

4 倒水進去

小心不要弄壞造景，把水倒在有鋪廚房紙巾的地方。

5 完成地基

確認過濾器和加熱器等器材能否正常運作後，就完成地基了，可以開始準備放入水草。

2 處理水草

在種植之前需先處理妥當

本節將解說此造景所使用的異葉水蓑衣（有莖草）和矮慈姑（葉基生水草）的處理方式。看完以後便能學會種植水草之前的基本處理。

◆ 處理有莖草（異葉水蓑衣）

Before

剛從專賣店買回來時的狀態。需剪掉多餘的根部與老舊的葉子。

After

剪掉多餘葉子的狀態。種植這種狀態的葉子，並且丟掉剪掉的部分。

剪掉根部。需剪在葉子分歧部分稍微下面的地方。

剪掉長在要種植部分的葉子。

另一邊的也剪掉。留2～3cm乾淨的莖部便可種植。

可以用同一種方法處理的水草

小圓葉、葉底紅、小獅子草、虎耳草等有莖草。

處理小獅子草：剪掉老舊的莖部。

老舊的莖部

處理葉底紅。

處理葉基生水草（矮慈姑）

葉基生水草大多會從水草的中心長出新葉。處理時可以將長在外側的老舊葉子摘除，至於過長的根部就用剪刀修剪。

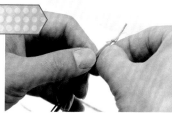

fore

剛從專賣店買回來時的狀態。一束中有兩到三株。

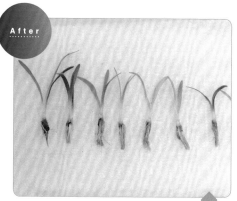

After

處理過的狀態。造景時，基本上是一株一株地種。

將鉛片與海綿摘掉，拆成一株一株的水草。

像剝香蕉皮一樣拔除外側的老舊葉子。

修剪根部，留下可以用鑷子夾住的長度即可。

可以用同一種方法處理的水草

水蘭、椒草、皇冠草等。

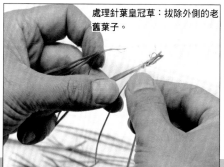

處理針葉皇冠草：拔除外側的老舊葉子。

處理扭蘭。

3 種植水草
選擇簡單的水草

　這次的造景是以專賣店常見、推薦給初學者的數種水草為主。請在種植之前用上一頁所解說的方式處理水草。

　要種植水草的話，砂石比黑土容易，較推薦從此規模的水草造景開始練習。

1 種植後景草

扭蘭

種植後景草：水蘭。造景水族箱基本上都是從後景草開始種的。

2 種植後景草

異葉水蓑衣

接下來種異葉水蓑衣。種植複數品種的後景草時可以從最高的品種開始照順序種。

3 配置中景草

將附有小榕的流木配置於中景。中景草可以配置在石頭與石頭之間的空隙。

4 種植中～前景草

將矮慈姑種在大約中景～前景的位置。

◆ 配置水草

經過數週後，就會如45頁般一點一滴地生長。這次所使用的水草都是相當強韌的品種，只要定期換水就能平安長大。

▶P111

後
...狀水草。適合當作後...草使用。

後 ▶P104

異葉水蓑衣
特徵是葉子很大，適合當作中～後景草使用。

後 ▶P104

水蓑衣
小型有莖草，是非常強韌的水草。

後 ▶P109

葉底紅
紅葉的有莖草。適合用來增添水族箱的韻味。

中 ▶P104

白頭天胡荽
圓葉的水草，可以作為中景的重點。

前 ▶P103

矮慈姑
不會長太高、適合用在前景的水草。

中 ▶P102

迷你小榕
生長緩慢，但卻是體質強韌、比較容易扎根的品種。

4 管理水族箱

放入生物的時機與水族箱的管理方法

做好地基、種完水草以後就只剩放入生物而已。適當的時機大約以種完水草一星期後為基準,接著就可以迎接想要養的魚了。

◆ 對魚來說,最重要的就是「水質調整」

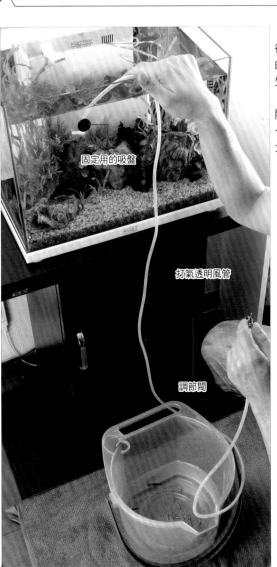

固定用的吸盤

打氣透明風管

調節閥

在放熱帶魚進水族箱之前,一定要記得先調整水質。忍住想要趕快將魚放進去的心情、花點時間調整水質,才是避免發生問題的訣竅。

調整水質時在打氣透明風管裝上調節閥組成「水質調整設備」的話會很方便。一開始可以調整成讓水一滴一滴地流,用大約一小時的時間進行水質調整。

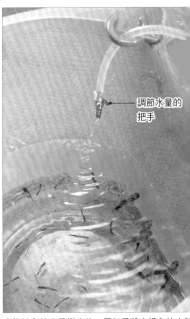

調節水量的把手

水族箱內的水量變少後,用杯子將水桶內的水倒回水族箱。請重複此步驟二至三次。

←水桶必須放在比水族箱低的地方,不然水會無法流動。

用玻璃蓋來預防魚跳出來或漏水

現在雖然很流行不加蓋子的開放式水族箱，不過為了預防魚跳出水族箱、或是地震時水噴濺出來，還是建議各位加上玻璃蓋子來飼養。

魚有從玻璃蓋與水族箱的縫隙間跳出來的風險，如果擔心的話，可以用塑膠板之類的東西堵住。

縫隙

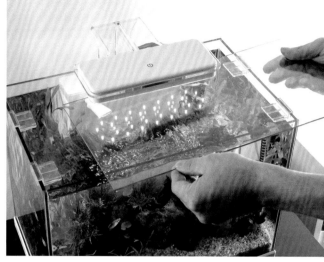

定期換水是維護造景水族箱的基本

水族箱在水質還不穩定的配置初期最為關鍵。此時需要一星期換兩次水，一次換大約三分之一的水量。

經過一個月，水質開始穩定下來後，一星期換一次水就足夠了。

用水管將水吸出，順便丟掉糞便和多餘的飼料等垃圾。

←用水桶倒水進去時，要小心不要破壞造景。

🐟 黃金燈

身體呈金屬色澤的燈魚。全身富有光澤，在水草水族箱中十分耀眼奪目。並不會很難飼養，不過可能會因為水質等環境的惡化導致顏色變淡。市面上也有一種同名稱，但是呈現鮮豔金黃色澤的燈魚。

DATA

🐟 3.5cm　　　🌐 圭亞那

⭐ ▮□□□□　　💧 弱酸性～中性

🐟 紅蓮燈

最受喜愛的熱帶魚之一。經過精心飼養後會變得更加美麗。特徵是從頭部延伸至尾部的鮮紅色帶，讓牠們在水草水族箱中群游的話會非常華麗壯觀。只要注意不讓水質劇變，飼養難度就不會太高。

DATA

🐟 4cm　　　🌐 巴西

⭐ ▮▮□□□　　💧 弱酸性～中性

從這種熱帶魚開始！ P138

🐟 日光燈

熱帶魚的代表品種之一。適應力強、很容易飼養，可以跟相同大小的熱帶魚混養。普遍認為適合初學者，不過其實繁殖的難度高，是讓老手也能樂在其中的深奧品種。面上也有賣很多改良種。

DATA

🐟 4cm　　　🌐 巴西

⭐ ▮▮□□□　　💧 弱酸性～中性

從這種熱帶魚開始！ P44

鑽石日光燈

深藍色與紅色對比而成，是備受喜愛的日燈改良品種。用藍色燈光照明可以讓顏色加鮮艷動人。請記得按時餵食飼料，避免牠的身型削瘦下去。

DATA

 4cm　　 改良品種

★ ▢▢▢▢▢　　💧 弱酸性～中性

黃金日光燈

改良日光燈所誕生的品種，惹人憐愛的外表廣受歡迎。具有透明感的乳白色身體上帶有一條淺藍色的線。飼養難易度和其他日光燈一樣，不會很困難。

DATA

 3cm　　 改良品種

★★ ▢▢▢▢▢　　💧 弱酸性～中性

紅燈管

透明的身體中心或是從背鰭上可以看見一閃閃發光的橘色線條，是走在時尚尖端的魚成員。適應力強、很容易飼養。由於個乖巧，因此適合和其他魚類混養，或是作初學者的入門魚。

DATA

 4cm　　🌐 圭亞那

★ ▢▢▢▢▢　　💧 弱酸性～中性

血紅露比燈

尾鰭根部的花樣看起來很像螢火蟲，因此日文也稱其為血紅螢火燈。適應環境後，身體會呈現鮮豔的紅色。由於嘴巴很小，不用擔心會誤食水草，因此很容易養活。個性有些膽小，可以進行複數飼養。

DATA

 3cm　　 哥倫比亞

★★ ▢▢▢▢▢　　💧 弱酸性～中性

🐟 紅頭剪刀

在適當的水質等條件下，保持良好狀態的話
頭部會呈現非常漂亮的紅色。雖然是燈魚的
一種，不過身長比其他品種稍微長一點。多
隻一起飼養的話會群游，所以在大型的水族
箱中也相當引人注目。

DATA

🐟 5cm　　　　　　　🌐 巴西

⭐⭐ 　　　　　　　💧 弱酸性～中性

🐟 玫瑰旗

特徵是紅色的身體上只有邊緣染上白色的背
鰭。身體相對較長，與大型葉子的水草非常
搭，容易飼養。雄魚透過伸展魚鰭互相威嚇
的姿態非常美麗，建議可一次多養幾隻。

DATA

🐟 5cm　　　　　　　🌐 巴西

⭐⭐ 　　　　　　　💧 弱酸性～中性

🐟 黑旗

是一種大型背鰭和尾鰭十分漂亮的燈魚。乍
看之下或許有些不起眼，不過其漆黑的光澤
在水草水族箱中非常醒目，有時也能擔當襯
托其他魚類的角色。很會吃飼料，適應力也
強，因此並不難飼養。

DATA

🐟 4cm　　　　　　　🌐 巴西

⭐⭐ 　　　　　　　💧 弱酸性～中性

🐟 魚的身長　⭐ 飼養難度（愈難愈多格）　🌐 原產國　💧 適合的水質

紅衣夢幻旗

體呈鮮紅色的燈魚。在水草水族箱中相當顯眼。養起來並不困難，就算是人工飼料也吃很多。市面上也有賣顏色特別深紅的野紅衣夢幻旗「Rubra」（照片中的魚）。

DATA

4cm 秘魯、哥倫比亞

弱酸性～中性

藍國王燈

隨著燈光照射的角度不同，身體會呈現美麗的藍紫色光澤，讓牠們在水草水族箱中群游，看起來會十分壯觀。個性有些粗暴，特別是同品種的夥伴間常常會進行小型的競爭。建議飼養時可以多種一些水草。

DATA

5cm 亞馬遜河

弱酸性～中性

滿魚的成員

全世界都廣受喜愛的人氣熱帶魚。包括尾部分有著可愛花樣的米老鼠魚等等，存在各種不同的品種。飼養與繁殖都不困難，適合作為初學者的入門魚。

DATA

5cm 改良品種

中性～弱鹼性

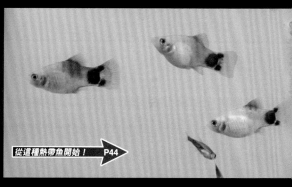

從這種熱帶魚開始！ P44

從這種熱帶魚開始！ P66

孔雀魚的成員

魅力在於漂亮的尾鰭。被人工創造出具有各種色彩的品種。一開始只要小心注意水質，飼養就會很容易，不過在店裡買的時候還是建議選擇細心照料過的個體。

DATA

5cm 改良品種

中性～弱鹼性

57

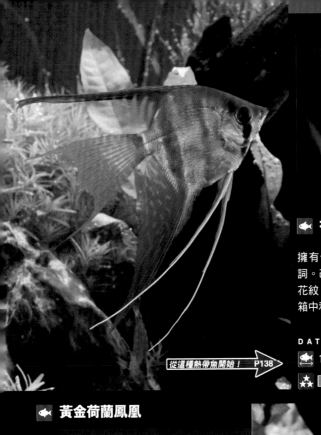

🐟 神仙魚的成員

擁有優雅延伸的魚鰭，如同熱帶魚的代詞。改良品種眾多，具有各式各樣的顏色花紋。體型變大後，最好避免在狹小的水箱中和小型魚混養。

從這種熱帶魚開始！ P138

DATA

🐟 12cm ｜ 🌐 巴西

⭐⭐ ▩▩▩▩▩ ｜ 💧 弱酸性～中性

🐟 黃金荷蘭鳳凰

小型慈鯛的改良品種。體型頗長，成長後會再稍微變大。圓胖的體型以及鮮豔的體色看起來十分可愛。個性穩重，適合在水草水族箱中和其他魚類混養。

DATA

🐟 6cm ｜ 🌐 改良品種

⭐⭐ ▩▩▩▩▩ ｜ 💧 弱酸性～中性

從這種熱帶魚開始！ P138

🐟 荷蘭鳳凰

繽紛的體色格外吸睛，是短鯛的改良品種。原種的鳳凰非常熱門，改良種相當多。飼養和繁殖都很容易，適合初學者。

DATA

🐟 8cm ｜ 🌐 改良品種

⭐⭐ ▩▩▩▩▩ ｜ 💧 弱酸性～中性

🐟 體長 ⭐ 飼育難度（越多顆星越容易飼育） 🌐 原產區 💧 適合水質

◀ 隱帶麗魚的成員

收藏家之間的人氣很高，是分布於南美的
帶魚。另外，也存在許多擁有歐洲血統、
型美麗的品種，刺激人們的收藏慾。很多
都以繁殖為目的而成對飼養。

ATA

🐟 7cm

🌐 南美

💧 弱酸性～中性

從這種熱帶魚開始！　P38

🐟 鬥魚的成員

擁有紅、藍、白、大理石紋路等各式各樣的
體色與魚鰭的型態。市面上有很多改良品種
流通，每一種的品質都非常強健。魚鰭很長
的是雄魚，而外表較為樸素的是雌魚。

DATA

🐟 7cm

🌐 改良品種

💧 弱酸性～中性

◀ 巧克力飛船

麗魚的成員，獨特的體色頗具人氣。要維
漂亮的顏色很困難，飼養過程中需要特別
意水質與飼料。水質最好保持弱酸性的軟
，並且建議單獨飼養。

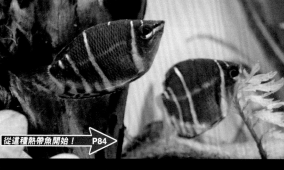

ATA

🐟 5cm

🌐 東南亞

💧 弱酸性

從這種熱帶魚開始！　P84

🐟 黃金麗麗

麗麗魚的改良品種。別名黃金電光麗麗，體
色與養殖方式會根據養殖地而有所不同。性
情溫和、容易飼養，但是如果輸入時的狀態
不好，身體狀況也會很容易變差。

DATA

🐟 6cm

🌐 改良品種

💧 弱酸性～中性

🐟 金三角燈

身體呈美麗的橘色，是鯉魚成員的熱帶魚。
經過精心飼養後體色會變深。在弱酸性的軟
水中，顏色會更鮮艷，十分賞心悅目。群游
時相當壯觀，建議可以一次養一群。

DATA

🐟 4cm　　　　　　　🌐 印尼等地

⭐⭐ ▮▮▮▮　　　　　💧 弱酸性～中性

🐟 一線小丑燈

鮮紅的體色頗具魅力。飼養在弱酸性的軟水
中，顏色會更加鮮艷。波魚類的魚就算長大
以後全長也只會有3cm左右，屬於小型的熱帶
魚，因此建議飼養在穩定的環境中，並且餵
食比較細小的飼料。

DATA

🐟 2.5cm　　　　🌐 婆羅洲

⭐⭐ ▮▮▮▮▮　　　💧 弱酸性

🐟 小丑燈

在波魚屬中算是比較大型的品種。特徵為
紅的體色以及點狀的花紋。飼養容易，適
環境以後會很活潑地在水族箱中四處游動
可說是適合養在水草水族箱中的品種。

DATA

🐟 3cm　　　　🌐 東南亞

⭐⭐ ▮▮▮▮▮　　💧 弱酸性

🐟 魚的身長　⭐ 飼養難度（愈難愈多格）　🌐 原產國　💧 適合的水質

一眉道人

豔的紅、黑線十分引人注目，是鯉魚的成
。游泳的力道很強，跳躍能力也很高，所
最好用60㎝以上的水族箱飼養，並且蓋上
璃蓋。若用90㎝以上的水族箱進行複數飼
會十分壯觀。

DATA

🐟 20㎝

🌐 印度

💧 弱酸性～中性

🐟 桔色潛水艇

身上的花紋長得像甜甜圈，令人印象深刻。
個性沉著穩重，適合和其他魚類混養。長大
以後體型會稍微變大，建議用45㎝以上的水
族箱飼養。養起來並不困難，但水質仍要小
心保持在弱酸性。

DATA

🐟 5㎝

🌐 婆羅洲

💧 弱酸性～中性

藍背鑽石紅蓮燈

徵為呈現金屬光澤的藍色身軀，是小型的
燈魚。對於水質的變化十分敏感，如果想
長期健康地飼養，水質就必須維持在弱酸
的軟水狀態。大量飼養的話會進行群游
常美麗

DATA

🐟 3㎝

🌐 印尼

💧 弱酸性

🐟 燕子美人

雄魚伸長魚鰭之後會變得相當漂亮，豎起修長魚鰭威嚇彼此的樣子非常壯觀。會在水族箱中四處游動、十分活躍，不挑食而且很會吃。由於嘴巴較小，因此需要注意飼料的大小。

DATA

🐟 6cm   🌐 巴布亞紐幾內亞

⭐ ▨▨▨▨▨   💧 弱酸性～中性

🐟 電光美人

金屬色澤的體色備受喜愛，為彩虹魚的成員。雄魚與雌魚的魚鰭在模樣與色調上都不同。隨著體型成長，長度也會跟著變長。體質健壯、飼養容易，如果讓其在水草水族箱群游會十分美麗。

DATA

🐟 6cm   🌐 巴布亞紐幾內亞

⭐ ▨▨▨▨▨   💧 中性

🐟 石美人

彩虹魚的代表性成員。經過精心飼養後，部會變藍且尾部會變黃。讓其在大型水族群游會非常壯觀。飼養並不困難，個性也溫和，適合和其他魚類混養。

DATA

🐟 10cm   🌐 巴布亞紐幾內亞

⭐ ▨▨▨▨▨   💧 弱酸性～中性

🐟 魚的身長   ⭐ 飼養難度（愈難愈多格）   🌐 原產國   💧 適合的水質

◀ 熊貓鼠

魚的成員在底砂附近四處亂竄的模樣十分
愛，具有很高的人氣。此品種的眼睛周圍
黑色花紋，令人聯想到熊貓而得其名。個
膽小，建議複數飼養。

從這種熱帶魚開始！　P74

ＤＡＴＡ

🐟 5cm

🌐 秘魯

💧 弱酸性～中性

◀ 三線豹鼠

鼠魚的成員。身體上有著如迷宮般的花紋，
而且每隻花紋都長得不太一樣，具有很高的
收藏價值，是人氣很高的品種。店家有時也
會以近緣種──「茉莉豹鼠」的身分販售。
飼養容易。

DATA

🐟 5cm

🌐 巴西

💧 弱酸性～中性

◀ 巧克力娃娃

型的淡水河豚。可以用純淡水飼養，導入
草水族箱中會十分可愛。具有會吃掉水族
為小型貝類的優點，不過也有可能會啃咬
也魚類的魚鰭，需注意。需餵食活飼料。

ＤＡＴＡ

🐟 4cm

🌐 印度

💧 弱酸性～中性

種熱帶魚開始！　P94

◀ 紅白水晶蝦

紅白的身軀在水草水族箱中很吸睛，非常受
歡迎。不同的個體會有不同的花紋，價錢也
會隨著花紋的樣式與體色的濃度而有所不
同。對水質的變化相當敏感，讓水草稍微成
長過後再放進水族會比較保險。

DATA

🐟 2cm

🌐 改良品種

💧 中性

認識造景的構圖

在設計造景時，會煩惱該如何配置石頭與漂流木、該把水草種在哪裡才好？這時可以試著參考以下的構圖，或許能幫助你解決問題。

在參考別人的造景時，只要先注意到「這種造景和這個構圖很像啊……」，就能在想打造類似氛圍的造景時，幫助完成圖在腦海中成形。

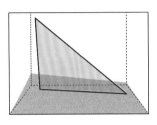

1 三角構圖

將底砂的左右其中一邊堆高，再配置漂流木與石頭。水草部分則將較高的水草或後景草配置於地基堆得較高的地方，造景就能取得絕妙的平衡。三角形的線條很好想像，是簡單易做的構圖。

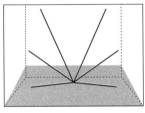

2 放射構圖

透過讓漂流木的樹枝從中心向外突出所形成的構圖。只要將細長的漂流木組合起來，或是將枝狀漂流木從中心向外延伸，就能做出類似的造景。水草部分，可以將後景草種植成凸型構圖，加上作為放射狀素材的莫絲後，就會成為構圖均衡的造景。

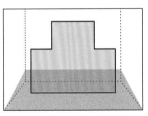

3 凸型構圖

想在中心配置大型石頭或漂流木時就可以採用此構圖。將造景素材以凸型的方式配置後，再將水草以凹型的方式配置便能取得平衡。此構圖也可以用在方形水族箱等造景比較不容易分辨左右的情況。

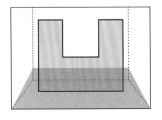

4 凹型構圖

在以石頭為主的水族箱中，想將大型的基石放在左右其中一邊，或是均勻地將水草種植在左右兩邊時，便適用此構圖。為避免變成完美的左右對稱，建議可以讓左右的配置稍有不同。

初級造景篇

CHAPTER **3**

麻雀雖小，五臟俱全──一體成型水族箱

孔雀魚與紅木化石

在小型水族箱中活用整體的空間

就算是小型水族箱，只要運用大量的石頭以及種植各式品種的水草，就能打造小而有魄力的水景。

將細長的石頭以縱向配置，再種植如小柳般細長的線狀水草，就能打造充分利用水族箱整體空間的造景。

利用黑色的背景，可以讓顏色鮮豔的鬥魚與紅木化石顯得更加美麗。

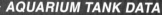

AQUARIUM TANK DATA

長 23cm × 寬 23cm × 高 25cm

26℃、pH6.8

一體型水族箱過濾器（GEX）

8小時照明／一體型LED燈（GEX）

對魚溫和的天然砂石 1.7kg（GEX）

孔雀魚的成員、小精靈（耳斑鯰）

小柳、水蕨、印度小圓葉、針葉皇冠草、過長沙、紅花山梗菜、迷你毬藻

1 水族箱的地基

用大量的石頭造景

　　在這裡所使用的紅褐色石頭，是名叫「紅木化石」的造景素材。這種石頭有很多適合放進小型水族箱的尺寸。

　　放太多石頭的話水草會很難種，因此在習慣種植水草與造景之前，石頭的用量建議比右圖再少一點。

1 倒入基肥砂

倒入用水洗過的基肥砂。這次造景使用的顏色偏白。

2 調整基肥砂

用手調整基肥砂。將後側稍微堆高來製造斜度。

Q & A 請問加熱器與過濾器設置在哪裡？

▶ 也有從外表看不見器具的水族箱

　　這次使用的水族箱，在背面有一個可以放入加熱器的空間。能夠減少讓表面看起來雜亂的器具或管線，正是一體型水族箱的優點之一。

空間

加熱器

想好「構圖」後再配置石頭

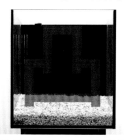

若是凸型的構圖，就把比較高的石頭擺在中間。

若是凹型的構圖，就把比較高的石頭擺在左右兩邊。

在水族箱中配置石頭和漂流木時，如果只是隨便亂放，會遲遲難以決定想要的造景。為了避免這種情況，可以事先決定好大概的構圖。決定好造景素材的配置後，自然就會知道水草該種在哪裡。

3 從後側開始配置石頭

水族箱的後側開始配置石頭。將大型石頭放在後側、型石頭放在前側，會比較高低分明。

4 接著配置前側的石頭

一邊思考種植水草的地方，一邊擺放小型的石頭。

5 完成地基

倒水時小心不要弄壞地基，然後就完成了。

2 種植水草

種在石頭之間的縫隙

在石頭與石頭之間種植各式各樣的水草，水景就會逐漸形成。

如果放太多石頭，就算用鑷子也很難鑽進縫隙。若覺得水草不好種，那就要重新審視石頭的擺設，然後減少石頭的數量，或是先將石頭暫時取出，等種好水草後再把石頭放回原來的位置。

1 種植後景草

種植用來當作後景草的小柳。用細長的鑷子會比較好種。

2 種植後景草

像小圓葉這種纖細的有莖草，可以將幾株夾在一種進去。

3 種植中景草

將修剪過後的過長沙與針葉皇冠草種在中景處。

4 配置毬藻

用鑷子擺放毬藻。不稍微埋進基肥砂的話，可能會因水流而移動到別處。

◆ 配置水草

這次在小小的水族箱裡種植了七種水草。中景草與後景草可以將相同種類的水草均勻地種在左右兩邊。

後
葉水芹
都是細小的葉片。適合種植於中景。

後 ▶P157
線狀的水草
線狀的水草，適合種植於後景。

後 ▶P155
印度小圓葉
纖細的有莖草。適合種植於中景或後景。

後 ▶P108
過長沙
小型有莖草。體質十分健壯。

中 ▶P102
紅花山梗菜
不太會長高，適合種植於前景。

前 ▶P102
針葉皇冠草
適合用在草原般的造景中。

中
迷你毬藻
可以用來強調可愛的感覺。

3 關於過濾

努力維持水質的穩定

　　溢流型的一體型水族箱會利用寬敞的過濾槽及其裝置來過濾水。以下將解說此種裝置的原理,以及製作客製化商品時的重點。

◆ 一體型水族箱(溢流型)的過濾裝置

排水
乾淨的水

吸水
髒水

幫浦

過濾槽

這種水族箱的背面有一個水口,連接著水管使飼育流入過濾槽。經過濾後,淨的水就會透過幫浦離開濾槽,從排水口再次流入族箱。由於過濾的空間大,因此效果比一般的外式過濾器更佳。

排水口

入水

添加有助於過濾的「硝化菌」

與將濾材用完即丟的過濾器不同，有濾槽的水族箱需要能淨化水質的硝化菌定居其中。為此，可以添加市售的硝化菌，如此一來將有助於維持安定的水質。在啟動過濾時，適量地加進水族箱或過濾槽即可。

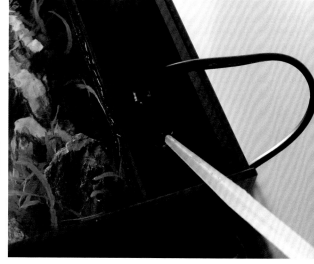

改變濾材、客製化過濾槽

過濾槽中如果有空間，就可以在裡面製作客製化的樣式。與外部式過濾器一樣，過濾槽中濾材將按照以下的順序配置。

1 避免髒東西通過而配置的過濾棉

2 培養硝化菌的環形濾材

3 分解溶在水中的有害物質與臭味之活性碳

幫浦

←過濾槽大約一個月要清洗一次。過濾棉與環形濾材需用飼育水清洗，活性碳則用新的來替換。

兩面都能欣賞的方形水族箱
砂石上的鼠魚

◆ 飼養可愛的鼠魚

　　惹人憐愛的舉止以及小巧外型讓鼠魚相當受歡迎，本章造景將以飼養鼠魚為主題，使用的是方形水族箱與顆粒較細的基肥砂。

　　鼠魚與日光燈這種在中層游動的魚不同，大多都在底砂附近活動，是屬於鯰魚成員的熱帶魚。請注意配合此種生態所選擇的底砂與器具設置等項目。

◆ *AQUARIUM TANK DATA*

長 30cm × 寬 30cm × 高 30cm	日本拉普拉塔化妝砂 LA PLATA SAND（ADA）
25～28℃、pH6.0	熊貓鼠、金翅珍珠鼠、皇冠紅頭鼠、蝙蝠俠鼠、三線豹鼠、綠蓮燈
AT-30（Tetra）、靜音運轉過濾器（GEX）	魯賓皇冠草、爪哇莫絲、三叉鐵皇冠、蛙蹼草
8小時照明／原創 LED燈泡（Tropiland）	

1 水族箱的地基
配合生物來選擇底砂

鼠魚會將嘴唇稍微埋進砂石內尋找食物。所以盡量不要用黑土,選擇砂石會比較適當。此外,由於鼠魚會挖掘砂石,種好的水草很有可能會被連根拔起導致漂浮在水中。因此為了預防這種情況發生,最好選擇附著在漂流木上或是放在小型盆栽內的水草。

Q & A 飼養鼠魚時,只要是「砂石」,不管用哪一種都行嗎?

▶ 顆粒細小、形狀圓潤的
砂石會比較合適

最適合鼠魚的底砂,是像河床的砂石般圓潤而細小的砂石。不要選擇有稜角、邊緣銳利或是顆粒偏大的,而要選擇邊緣平滑的圓潤砂石。

將臉埋進砂石的
模樣十分可愛。

1 設置器具,並且倒入砂石

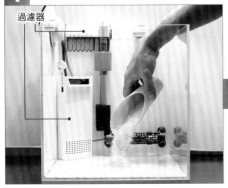

過濾器

設置好兩種過濾器以及加熱器等器材後,倒入用水桶洗過的砂石。

2 放入水草盆栽

將種有皇冠草的水草盆栽(做法在p.78~)放入水箱。

5 配置附有水草的石頭，完成地基

配置幾個附有爪哇莫絲的石頭與一個附有三叉鐵皇冠的石頭後，地基就完成了。

附有三叉鐵皇冠的石頭

附有爪哇莫絲的石頭

3 配置石頭

石頭來隱藏盆栽的部分。使用的是黃虎石。

4 配置附有水草的漂流木

配置附有爪哇莫絲的枝狀漂流木。

2 種植水草
不用種植也能配置的水草

只要善加利用附有水草的石頭、漂流木以及水草盆栽，即便不將水草種進底砂內，也能完成造景水族箱。

以下會解說該如何製作放在造景中心的水草盆栽。

◆ 水草盆栽的製作方法

1 與種植水草一樣，需要先做處理

製作水草盆栽時，基本上跟種植水草之前的處理一樣，要先剪掉老舊的葉片與根部。

剛買來的水草。

用鑷子取下環繞在根部的海綿。

去除多餘的葉片與根部，事前處理便完成了。

2 將黑土倒入盆栽後種植進去

準備海棉與園藝用的盆栽來種植水草。

海綿

為預防黑土漏出盆栽，先鋪上一層海綿。

慢慢地將黑土倒在海綿上。

噴霧器

大概倒入一半時，用噴霧器弄濕黑土。

配置水草

此種造景用附有水草的造景素材與水草盆栽便可完成。由於養殖鼠魚時，底砂必須保持乾淨，因此在清理水族箱時可以暫時將水草移出水族箱。

三叉鐵皇冠的葉子呈現分支的模樣。

前
▶P152
三叉鐵皇冠

中
紅香瓜皇冠草
葉子很大的水草，時常作為水族箱的主角，配置於顯眼的地方。

中
▶P104
爪哇莫絲
使之附著於漂流木或石頭上，配置於中景。

種植時，需將皇冠草的根部對準中心。

一邊用手扶著，一邊倒入黑土來固定皇冠草。

固定好之後，用噴霧器弄濕黑土就完成了。

3 飼料與製作環境

注意每天的飼料與水族箱的環境

鼠魚吃的飼料與燈魚等魚類吃的不同。配合不同品種的魚變更餵食的飼料，這點非常重要，請務必記在心上。

◆ 餵食各式各樣的飼料

可以使用方便取得的
人工飼料餵食

市售的人工飼料都會在包裝上明確標示「燈魚專用」、「鼠魚專用」等，首先可以試著配合魚的種類來餵食。

鼠魚的飼料呈藥片狀，會沉到水族箱底部。投入飼料後，可以看見如照片上般，鼠魚拚命吃飼料的模樣。吃剩的飼料可能會污染水質，所以要謹慎觀察並適時取出，以保持乾淨。

適當餵食大家最愛的紅蟲

紅蟲是許多熱帶魚都相當喜愛的活飼料。如果買到冷凍的，不要直接投入水族箱，建議先放入裝有溫水的塑膠杯中慢慢解凍後再加以餵食。

為避免四處散落，用滴管將紅蟲放到魚的面前。

適合飼育魚的過濾器、水溫

　　飼養鼠魚時，容易因飼料而污染水質。為提升過濾性能，這個水族箱設置了兩台過濾器。

　　此外，為怕熱的鼠魚裝上風扇的話，就可以在炎熱的夏季降低水溫。花點心思為魚兒打造舒適的環境吧。

注意水族箱的環境，並且記住魚或水草的特性

椒草的成員

在剛導入水族箱或大量換水這種水質變化劇烈以及水溫過低的時候，椒草會變得很脆弱，可能會導致葉片融解。但適應環境以後就沒問題了。

鬥魚

不喜歡強勁的水流，性情暴躁不適合混養。水溫不能太低，適合在26～28℃的環境下活動。

　　不同的水草及熱帶魚適合生存之環境都不同。在此將介紹一部分的代表性品種。不過，要記住所有的特性並不簡單。

　　特別需要注意水族箱環境的品種，可以在專賣店購買時事先確認好。

蝦子的成員

蝦子對水質非常敏感，尤其不能將紅白水晶蝦放在高水溫的環境，低水溫會比較適合。此外，在導入水族箱時，由於環境的變化很劇烈，因此必須徹底做好水質調整。

4 水族箱的日常管理

觀察水族箱時需要注意的重點

欣賞自己製作的造景水族箱時，時間總是過得相當快。儘管悠閒地欣賞也很重要，不過箱內狀況有無異常，平日一定要做好最低程度的確認。

◆ 每天檢查水族箱有無異常

在此列舉出日常中必須注意的三點事項。欣賞水族箱的同時，確實檢查也是很重要的。

3 | 器具

確認照明有沒有亮、啟動計時器時有沒有確實在跑。濾器的部分，要確認入排水管有無因垃圾堵塞而影響到流量，管線的位置是否有偏移。

1 | 水

確認有無漏水，水溫有無異常。最好每天都檢查水族箱的周圍，並且使用溫度計測量水溫。

2 | 魚與水草

確實觀察魚與水草的健康狀態。確認牠們有無好好吃飼料，水草的葉子有無缺損等。

確實觀察飼育之熱帶魚特有的行動

鼠魚是體質健壯的熱帶魚，不過因為常游在靠近底砂的地方，所以底砂如果變髒可能會導致牠們生病。尤其要特別小心鼠魚感染上赤鰭病或鰭腐病等其他魚類的傳染病。鼠魚大多都與同伴們成群在水族箱的角落或過濾器上方活動，因此一旦得病，傳染速度會非常快。

不小心生病的話可以去請教專賣店，必要時就請店家幫忙選擇適合的藥物。此外，也可以考慮把生病的個體隔離到別的水族箱。

白點病

對策⋯將水溫慢慢調高（1天最多2℃）至30℃。1％以下的鹽浴或投入藥劑的效果都不錯，不過這樣會嚴重傷害到水草，所以最好移到別的水族箱治療。

鰭腐病

對策⋯發病初期製作鹽浴或投入藥劑都頗具效果。病因通常是水溫過低、運送時的擦撞或被其他魚類攻擊時產生的傷口所引起。要確實觀察飼養的魚之間有沒有爭執。

赤鰭病

對策⋯雖然有專門的藥劑，不過一但染上此病就很難痊癒。原因在於水族箱的環境惡化，雖然對各種病況都說得通，但每天做好水質管理還是非常重要的。

水黴病

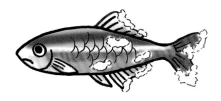

對策⋯發病初期製作鹽浴或投入藥劑就可以了。此為病原體寄生在魚的傷口上而引發的疾病，因此需要確實觀察水族箱內有無被欺負的魚存在。

欣賞精心培養過後的水草與熱帶魚的中型水族箱

漂流木與巧克力飛船

▶ 愈是精心飼養就愈加美麗動人的熱帶魚與水草

魚與水草之中，有些品種在剛導入時和適應水族箱後，外表會有很大的變化。此造景水族箱中的巧克力飛船，就是以身為「愈是精心飼養就愈美麗」的熱帶魚之一聞名。

水草的部分，椒草與鐵皇冠等經過長期飼養後會確實生長，狀態良好的葉子顏色十分美麗。儘管每天的變化很微小，不過一邊考慮之後生長的狀況一邊製作，也是造景水族箱的奧妙之處。

巧克力飛船在適應水族箱的環境後，褐黑的顏色會變得很深。用心飼養才能維持最美的體色。

GEX

◆ *AQUARIUM TANK DATA*

純淨黑色底砂 6kg（GEX）

長 45cm × 寬 23cm × 高 30cm

26℃、pH6.0

巧克力飛船、小精靈（耳斑鯰）

AT-30（Tetra）、靜音運轉過濾器（GEX）

黑木蕨、爪哇莫絲、印度小圓葉、庫拉庫亞辣椒榕、小氣泡椒草、露茜椒草、綠安杜椒草、小竹葉、針葉皇冠草等

8小時照明／CLEAR LED PG 450（GEX）

1 水族箱的地基
製作附有水草的漂流木

　　巧克力飛船偏好弱酸性水質，因此建議用黑土與漂流木來製作地基。比起使用石頭和基肥砂，這麼做水質會更容易偏向酸性。

　　漂流木上可以附著一些水草，讓造景不要看起來像單純只是塞滿漂流木而已。

1 倒入黑土

過濾器

加熱器

先設置好過濾器與加熱器等器材後，再倒入黑土。

2 將漂流木放在暫定的位置

決定好薄薄的黑土上漂流木的擺放方式。這時可以思該讓水草附著在哪裡。

Q & A 剛買來的漂流木可以直接用嗎？

如果不先浸泡在水中，漂流木會浮起來無法使用！

漂流木在專門店會以乾燥的狀態販售，因此如果不事先浸泡在水中就會浮起來。買來後，放在水桶等容器內泡幾天就行了。

泡在水桶中時如果浮起來，只要用石頭等重物壓住即可。

製作附有水草的漂流木（鐵皇冠等品種）

將水草壓在想附著的位置，用園藝束帶固定。

將園藝束帶扭轉固定在從水族箱正面看不到的位置。

這樣就完成了。幾星期後等水草生長在漂流木上時，束帶即可剪除。

3 拿出漂流木，補充黑土

拿出漂流木再補充黑土。之後將水草捲在漂流木上，好好配置前的準備。

4 設置附有水草的漂流木

配置附有水草的漂流木，確定好位置後再稍微補充一些黑土。

5 完成地基

與 4 相比，黑土明顯增加不少。可以參考水草附著的位置。

爪哇莫絲
鐵皇冠
黑木蕨
黑木蕨
辣椒榕
爪哇莫絲

2 種植水草
種植大量的水草

此種造景種植了各式各樣的水草。如此一來，就算有些水草生得不是很順利，但只要增加其他生長順利的水草，造景的選擇就會非常多元。多加摸索不同的品種，正是造景技巧進步的捷徑，建議各位可以多加嘗試。

1 種植後景草

將椒草、小圓葉等後景草種在左右兩邊的後側。

2 種植中景草

稀疏地四處種植椒草與小竹葉。

3 種植完成

完成全體的種植。漂流木與黑土的連接處周圍可利用水草隱藏起來。

◆ 配置水草

去除附著水草的水草配置。用俯瞰的視角觀察。決定好後景、中景、前景所扮演的角色後，就只要稀疏地四處種植就行了。

氣泡椒草
大型水族箱中會長得大，是後景草的代表品種。

中 ▶P113
大香菇
是中景草中容易駕馭的重要角色。

後 ▶P155
印度小圓葉
小圓葉的成員，相對容易飼養。

後
細葉傘花水蓑衣
線狀水草，適合作為後景草使用。

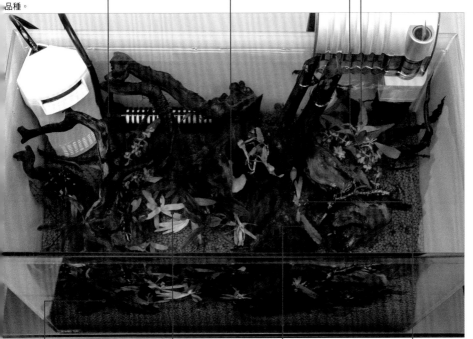

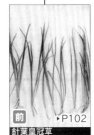

前 ▶P102
針葉皇冠草
前景草的代表性品種，均勻且稀疏地種植。

中
小竹葉
適合用在中景～後景的水草。

中 ▶P106
綠安杜椒草
長期維持較為容易，是中景草的代表性品種。

中 ▶P107
露茜椒草
容易飼養的椒草，為中景草。

3 管理水族箱

客製化過濾器時需注意的事項

巧克力飛船與椒草、鐵皇冠的水草在經過長期飼養後會變得更加美麗。以下將介紹長期飼養的重點與注意事項。

◆ 長期飼養所需的客製化過濾器

在水族箱中進行長期飼養時，過濾器是重點之一。一般的外掛式過濾器通常會使用一次性的包裝。髒掉時可以直接換新的，非常便利，不過為了使過濾更佳安定，建議各位可以客製化此部分。

具體來說，只要將環形濾材放入過濾槽內即可。放入可以培養硝化菌的濾材，要長期安定地飼養也比較容易。

市售的客製化用濾材，有的會事先放在網子中。左邊是已經長期使用過的濾材。

置於網內的環形濾材只要直接放入過濾器就行了。

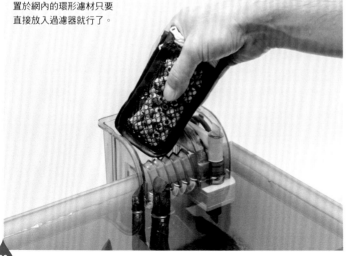

客製化濾材時，希望各位要記住不是換了濾材就能使過濾變穩定。因為濾材只不過是培養硝化菌的地方，若水族箱內環境不夠安定，濾材的效果也無法發揮。

只要定期換水，濾材也有好好的運作，勢必就能維持乾淨的水質。

飼養巧克力飛船的注意事項

飼養巧克力飛船時的重點之一是飼料。專賣店裡的魚由於剛從國外進口，因此通常會比較沒精神、沒胃口。面對這樣的個體，無需勉強餵食飼料，應該先好好觀察情況。

此外，巧克力飛船原本就不太會吃人工飼料，剛開始可以先試著餵食紅蟲。最初導入時，由於牠們很容易感染白點病，因此需特別注意。不過只要適應之後，體質就會相當健壯，接下來只要慢慢花時間飼養就行了。

發現漂流木上有一層薄膜時該怎麼辦？

色、半透明的黴。維持木頭表面乾淨就能避免長黴菌。

將漂流木放進水族箱時，可能會出現像左圖一樣半透明的白色薄膜。這是黴菌的一種，有辦法取出漂流木的話，就用刷子刷掉再用水沖乾淨就行了。

黑線飛狐

大和米蝦

不過，如果造景組得太緊密，很可能會無法順利取出漂流木。這時可以放入大和米蝦、黑線飛狐、小精靈（耳斑鯰）等魚類來改善此症狀。

4 想像水草成長的情況

思考水景的完成圖

在造景水族箱中，想順利培養水草需要注意兩個重點。就是「先預想未來的成果以後再種植」與「面對實際水草的成長情況，能夠臨機應變的處理」。為此，需要先了解各種水草的成長情況。

種植前，先認識水草的成長情況

市售的水草通常都不是成長過後的姿態。剛買回來時，先將多餘的老舊葉子剪掉後再種植，之後只要好好維持在水族箱中培養出來的新葉子，水草就會變得比之前漂亮很多。

以下將介紹處理掉老舊葉子的針葉皇冠草，以及其種植的方式與成長的情況。

剪掉多餘老舊葉子的針葉皇冠草。

幾乎剪掉所有的葉子，夾住根部的底端。

將鑷子深入底砂中，種到幾乎看不到的程度。

放鬆鑷子後迅速抽離底砂就完成種植了。

Before

剛種好時，幾乎看不到任何葉子。「這樣真的會長大嗎？」各位可能會像這樣在心裡感到不安……

After

幾星期後順利地長出葉子。之後也順利成長的話，就會從匍匐莖裡長出新的植株。

剛種完水草的狀態。

Before

在水草還沒成長的狀態下，漂流木所占的面積比例比較大，整體呈現褐色的印象。

60天後的狀態。

After

有莖草的成長相當顯著。再過幾個月後，椒草等水草會成長得更茁壯。

享受蝦類的成長與繁殖──長型水族箱

蜜蜂蝦與莫絲水草

◇ 思考適合蜜蜂蝦的生長環境

　　這是以紅白水晶蝦與白黑色的蜜蜂蝦為主題的造景。飼養蜜蜂蝦時，最重要的就是必須徹底做好水質與水溫的管理。若能徹底維持良好的水質，繁殖就會更加順利，飼養的過程也會變得更加開心。

　　想要好好欣賞蜜蜂蝦的話，只需要配置最低限度的水草與漂流木就行了。如果做出太複雜的造景，一旦蜜蜂蝦躲在造景的深處，就很難確認牠們的狀況。

◆ *AQUARIUM TANK DATA*

長 60cm × 寬 20cm × 高 25cm

24℃、pH6.2

長型過濾器M（GEX）

8小時照明／CLEAR LED POWER III（GEX）

蝦缸底砂3.5kg（GEX）

紅白水晶蝦、蜜蜂蝦、小精靈（耳斑鯰）

爪哇莫絲、酒杯槐葉蘋、迷你毬藻

1 水族箱的地基

製作專為生物打造的地基

市面上有販售打著「適合飼養蜜蜂蝦之底砂」招牌的幾種黑土，從中挑選底砂就行了。

至於造景素材的選擇，比起石頭，建議以漂流木為主較佳。

Q & A 飼養蜜蜂蝦時該注意哪些事情？

▶ 要慎選一起放入的魚與水草

飼養蜜蜂蝦時，注意水質是理所當然的，不過也必須注意一起放入水族箱的生物與水草。

舉例來說，如果放入神仙魚等中、大型的魚類，蜜蜂蝦會馬上就被吃掉，應避免與其混養。

此外，要導入新水草時也需多加留意。如果放入殘留農藥的水草，蜜蜂蝦隔天就會全部滅亡。

1 撒硝化菌

事先撒好有助過濾的硝化菌。

2 倒入黑土

將黑土倒在硝化菌上。

倒水與放入浮草後即完成地基

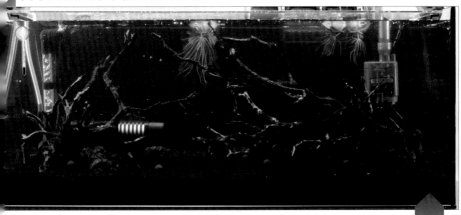

水倒入水族箱，並
放入酒杯槐葉蘋與
你毬藻就完成了。

4 配置捲上莫絲的漂流木

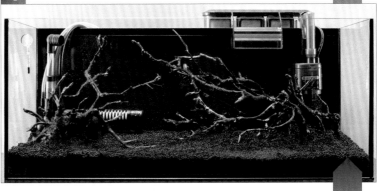

枝狀漂流木上捲好
絲後，再放進水族
。若想固定位置的
，可以補充一些黑
埋住它。

3 暫定枝狀漂流木的位置

暫定枝狀漂流木放在黑土上的位置。檢視整體的均衡感，決定爪哇莫絲的位置。另外，
可以在暫定位置之前或之後設置海綿過濾器。

2 種植水草

不用種植也能配置的水草

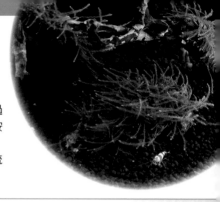

專賣店雖然也有販售附有水草的漂流木，不過如果想要讓水草附著在自己喜歡的位置，就只能按照以下的方法自己捲上去。

只要抓到訣竅就不會太困難，準備好枝狀漂流木與石頭來試試看吧。

◆ 附水草之造景素材的製作方法

1 將爪哇莫絲附著在枝狀漂流木上

枝狀漂流木的形狀十分帥氣，只要放在那邊就能展現出很棒的氛圍。如果再捲上爪哇莫絲，就會變成相當容易使用的造景素材。

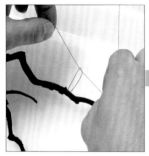

將莫絲棉線（專用的線）綁在想捲上莫絲的位置。

將莫絲放在綁有棉線的位置，量不要太多，並且需小心避免重疊。

用莫絲棉線一圈一圈的繞，可以稍微用點力。

2 在小塊的溶岩石上附著爪哇莫絲

溶岩石是石頭中相對便宜又容易上手的造景素材。捲爪哇莫絲的方式基本上與枝狀漂流木相同。

決定要將石頭的哪一面作為上面（在水族箱中朝向正面的地方）。

將莫絲棉線綁在反面。

將爪哇莫絲適量的放在上面。注意不要放太多。

配置水草

是由莫絲與浮草所構
的簡單造景。如果覺
太冷清，可以在左右
邊的後側處種植有莖
，不過這樣一來，蜜
蝦的藏匿之處可能會
加，需要多加注意。

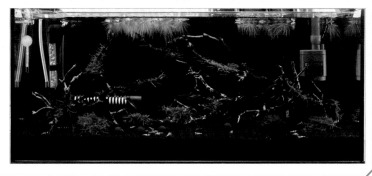

POINT!

▶ 為避免爪哇莫絲鬆開，先試著將漂流木浸在水中確認

卷了幾圈之後，剪掉莫絲棉線。　將莫絲棉線打結，避免線鬆開。　將漂流木浸在水中，確認有沒有固
定好。

POINT!

▶ 先決定好要將石頭的哪面朝上再捲莫絲

卷的時候要小心，別讓莫絲棉線被
石頭銳利的地方割斷。　避免莫絲鬆開，在石頭的左右均勻
繞圈。　在反面打結後就完成了。

3 蜜蜂蝦與水
為牠們準備最適當的生長環境

飼養蜜蜂蝦時，最重要的一點就是導入時的水質調整。如果不多花點時間確實完成，可能會導致之後付出高昂的代價。

將蝦子放入水族箱時，要特別用心的調整水質！

我能明白各位在購入蜜蜂蝦後迫不及待的心情，不過還是要多花點時間調整水質。就算花上數小時也不算久。

重點在於過程中一定要記得進行空氣的補給（aeration），並且注意室溫有無過高或過低。

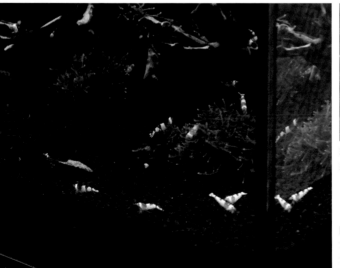

稍微適應環境的蜜蜂蝦。希望能繼續維持這樣的體色。

剛導入的蜜蜂蝦。顏色褪得非常淡，不過只要經過幾天就會適應，無需擔心。

在適當的水溫下飼養

風扇

水溫計

水溫方面，一定要記住「蜜蜂蝦無法在高溫下生存」。蜜蜂蝦在低水溫下能夠活動，不過基本上還是維持在23～26℃較佳。配合氣溫等條件安裝風扇，五到十月時要特別留意水溫的管理。

如果只靠風扇仍然無法降低水溫，可以利用房間的冷氣，或是考慮使用水族箱專用的冷卻機來降溫（大多數的機種，都需要將過濾器改為外部式過濾器）。

水族箱專用的冷卻機
《144頁有使用》

為打造適合成長與繁殖的水質所需要的商品

飼養蜜蜂蝦的商品當中，有能夠補充礦物質與去除水中雜質的「蒙脫石（淨水石）」等等。

飼料的種類與飼育商品五花八門，各位可以試著找出適合自己的商品。

蒙脫石從很久以前，就是飼養蜜蜂蝦的代表性商品。

蒙脫石

市面上有各式各樣的飼料。為避免蜜蜂蝦吃膩，可以準備兩種左右的飼料。

迷你小榕

在小榕當中屬於小型的種類，於小型水族中也能夠飼養。除了種在底砂之外，也可附著在漂流木或石頭上，在造景方面的用十分廣泛，很容易培養，不過由於生長慢，要小心藻類附著。

DATA

弱酸性～弱鹼性

針葉皇冠草

皇冠草中最小型的品種。非常容易培育。能夠生長在相對較少的光量下，不過若光線太弱，可能會讓葉子變得太長。在良好的環境下生長速度會加快，長出帶點紅色的新芽。

DATA

弱酸性～弱鹼性

紅花山梗菜

水上葉雖然是紫色，不過水中葉展開後呈現的是鮮綠色。培育起來不會很困難，不過如果種植時傷到根部，或是種在黑土系這種硬度極低的底砂之中，就有可能無法順利生長，建議用基肥砂培育。

DATA

弱酸性～弱鹼性

 必要的光量　 栽培難易度（愈多格愈難）　必要的CO₂量　適合的水質

翡翠欖仁皇冠草

冠草的成員。就算不添加CO_2也能順利生
。根深柢固後就是非常健壯的水草，可以
過追加底砂使其順利生長。由於根紮得很
，因此最好避免頻繁的移植。

DATA

  弱酸性～弱鹼性

矮慈姑

靠匍匐莖繁殖的小型慈姑，是非常珍貴的前
景草。對水質的適應力強，並不難培育，適
合使用固態肥料。長太多的話只要拔掉即
可。在良好的環境下有大型化的傾向。

DATA

   弱酸性～弱鹼性

小榕

水草當中以特別健壯聞名，是擁有大型葉
片的附著性水草。在無CO_2添加與光量較少
的環境下也能生長。生長速度緩慢，因此需
注意不要讓藻類覆蓋葉片的表面。

DATA

  弱酸性～弱鹼性

黃金小榕

與小榕相比，屬於葉子顏色偏黃明亮的附著
性水草。與小榕一樣體質健壯，不需要CO_2
與光量。注意藻類附著的問題，並慢慢地培
育即可。

DATA

  弱酸性～弱鹼性

🌿 爪哇莫絲

能夠附著在漂流木或是石頭上，是蘚苔的庭員。不僅能作為中景草，在其他地方也能居泛運用，是相當珍貴的水草。利用強光與添加CO_2會比較容易成長。若放得太密集會讓附著部分枯萎，所以需保留適當的間隔。

DATA

💧 弱酸性～中性

🌿 白頭天胡荽

生長快速，不需要高光量與CO_2的添加，所以很容易培育。在良好的環境下會大型化，容易往斜上方生長，如果長太長的話可以拔掉部分的水草。適合搭配漂流木造景。

DATA

💧 弱酸性～弱鹼性

🌿 異葉水蓑衣

細長延伸的葉片形狀很罕見，為外型宛如南蒿的水草。葉片大而量多。體質健壯且生長快速，是適合推薦給初學者的品種。由於豆部較粗，因此用粗一點的鑷子夾，會比較好種。

DATA

💧 弱酸性～弱鹼性

  必要的光量　 栽培難易度（愈多格愈難）　必要的CO_2量　適合的水質

小獅子草

古至今都很有人氣的水草。不太需要光量
CO₂，因此很容易培育。就算經過修剪也
快會長出新芽。營養吸收相當旺盛，需要
別補充鐵分。

ＤＡＴＡ

  弱酸性～弱鹼性

紅絲青葉

為小獅子草的變種。會因為光量、照明時
間、水溫、肥料等因素而改變顏色。粉色的
葉子雖然美麗，維持起來卻相當困難。是能
用在中景～後景的便利水草。

DATA

  弱酸性～弱鹼性

鐵皇冠

皇冠的代表種。以本種為基準，另外還有
葉、線葉、鹿角、三叉等其他品種。擁有
夠附著於漂流木與石頭的性質。水溫過高
（28℃以上）可能會染上蕨類的疾病而導
葉子枯萎。

ＡＴＡ

弱酸性～中性

細葉鐵皇冠

在水草當中以特別健壯聞名。不用特別添加
CO₂，僅靠些微的光量就能平安成長。通常
附著於漂流木或石頭上，水溫過高的話會染
上蕨類疾病，需特別注意。

DATA

  弱酸性～中性

〽 綠安杜椒草

根據環境的不同，顏色會從深綠變化到咖啡色，是能夠欣
多種面貌的椒草。種植時就算葉片融解或枯萎都不用放棄
只要根部沒事，就能再次重振精神、長出全新的葉片。

DATA

弱酸性～弱鹼性

〽 緋紅安杜椒

安杜椒草的成員，為葉片帶有紅色的品種。
種植於軟水與稍微低溫的環境中較為理想，
低光量較佳。在大型水族箱內可以培養得相
當大，十分壯觀。

DATA

弱酸性～弱鹼性

〽 棕溫蒂椒草

特徵為如圍棋盤的格子般交錯的葉脈。可
併用含鉀的固態肥料與總合的液態肥料來
肥。需要多花點時間才能完整扎根，葉片
容易融解，和其他的椒草相比較為脆弱。

DATA

弱酸性～弱鹼性

 必要的光量　 栽培難易度（愈多格愈難）　 必要的CO₂量　適合的水質

真綠溫蒂椒草

是椒草當中最健壯也最容易培養的品種。初學者也能輕鬆導入，不過和其他椒草一樣，對劇烈的環境變化相當敏感，應盡量避免大量換水或頻繁的移植。

DATA

弱酸性～弱鹼性

培茜椒草

長得與貝克椒草極為相似，不過體型較小，特徵為帶有咖啡色的細葉。種在漂流木或石頭的陰影之下也能順利生長。能夠適應大部分的水質，但以中性為佳。

DATA

弱酸性～弱鹼性

露茜椒草

以葉片細長為特徵的椒草。與其他的椒草相同，體質健壯、容易培養。成長雖然緩慢，但能馬上適應環境的變化，移植時很少會失敗。偏好底砂肥料，有時會因光量的變化而染上一點褐色。

DATA

弱酸性～弱鹼性

帕夫椒草

來自斯里蘭卡的最小型椒草。相較於其他品種的椒草，柔順的葉片形狀為其特徵。體質健壯、成長緩慢，初學者也不太容易失敗。時常作為前景草使用。

DATA

弱酸性～弱鹼性

寶塔草

以密集細葉為特徵的水草。沒有CO_2也能生
長，不過添加後會長得更大。補充鐵質可以
讓葉片呈現漂亮的綠色。若種在黑土系的底
砂中，可能會因為硬度太低而枯萎。

DATA

弱酸性～弱鹼性

紅菊花草

擁有鮮紅葉片的水草。營養不足的話會導致
紅色變淡，是菊花草中較難飼養的品種。想
要培養美麗的紅菊花，必須要添加含有鐵分
的液態肥料。

DATA

弱酸性～弱鹼性

過長沙

葉片圓潤、看起來十分可愛的水草。適應水
族箱後就會很健壯，不過在習慣水質之前，
葉片可能會縮小。需要高光量與添加微量的
CO_2。使其群生的話會非常美麗。

DATA

弱酸性～弱鹼性

必要的光量　　栽培難易度（愈多格愈難）　必要的CO_2量　　適合的水質

血心蘭

色系水草的代表種。造景時建議可以整理
束再種植。如果想養得漂亮，提供足夠的
量與添加CO_2是十分有效的方法。容易被
子誤食。補充含鐵肥料可以使紅色更加鮮
。

ATA

弱酸性～弱鹼性

葉底紅

能夠生長在基肥砂中的健壯水草。隨著環境
的不同，葉子的顏色會呈現綠～褐色，可以
欣賞其顏色的變化。在無添加CO_2的水族箱
中，如果覺得顏色太過單調，放入此水草便
能添加一層韻味。

DATA

  弱酸性～弱鹼性

三色葉底紅

上葉為綠色，不過種入水中後，會呈現比
何水草都鮮豔的紅色。因為葉片稍大，所
比較不適合放在小型水族箱裡，但由於可
生長在基底砂系的底砂中，因此在許多造
中都非常實用。

ATA

  弱酸性～弱鹼性

傘花水蓑衣

鮮綠色的葉子看起來十分明亮，為水蓑衣的
成員。體質健壯、培育容易，下葉照不到光
或是肥料不足時會很容易枯萎。另外還有比
本種的葉子還細的細葉種。

DATA

   弱酸性～弱鹼性

🌱 皇冠草

皇冠草的成員，為水族界的代表性水草一。葉片數量很多，培育成大型水草的話能作為中心水草來使用。環境良好的話便以長成大型水草，但在光量微弱、無CO_2環境下，就只能培養成小型水草。

DATA

弱酸性～弱鹼性

🌱 魯賓皇冠草

如紅寶石般鮮紅的葉片，在水族箱中展現華麗的光彩。偏好底砂肥料，扎根後便能成長茁壯。如果不想養得太大，可以定期移植或是剪掉根部。

DATA

弱酸性～弱鹼性

🌱 烏拉圭皇冠草

以細長葉片為特徵的皇冠草。成長過程中葉子會逐漸增加，變得非常茂盛。除了配置水後景之外，也可以作為中心水草來種植或用來隱藏過濾器的位置，是在各方面都相當實用的水草。

DATA

弱酸性～弱鹼性

💡 必要的光量　⭐ 栽培難度度 (愈多格愈難)　CO₂ 必要的CO₂量　💧 適合的水質

扭蘭

有螺旋狀扭曲的葉子，十分罕見。培養起
並不困難，由於生長速度很快，因此要注
是否有營養不足的問題，適度地補充肥
。高光量會使扭曲的程度更加明顯。作為
型～中型水族箱的後景草都相當實用。

DATA

弱酸性～弱鹼性

水蘭

細長飄逸的葉子能夠為造景帶來清涼感。適
合想加強縱向線條，或是帶出和風韻味時使
用。由於扎根很深，因此在底砂內施肥，就
會成長得更茁壯。

DATA

弱酸性～中性

小水蘭

體質非常健壯的水草，適合初學者種植。在
低光量與無添加CO₂的環境下也能培育，不
過如果環境優良的話會長得更大，適合用在
各式各樣的造景中。若整理成束後再種植，
就能充當後景的主角。

DATA

弱酸性～弱鹼性

緞帶椒草

椒草的成員，體質健壯、容易培養。在沒什
麼光量與CO₂的環境下也能順利生長。葉
子比小氣泡椒草還細。其伸展成波浪狀的葉
子，於水中流動的模樣非常美麗。

DATA

弱酸性～弱鹼性

菊花草

與水蘊草一樣，都以金魚藻的名稱聞名。體質健壯，沒有光量與CO_2也能長得很漂亮。水質如果傾向鹼性的話，可能會導致葉子融解，因此最好維持在弱酸性。

DATA

 弱酸性～中性

水蘊草

以金魚藻的名稱而為人所知。具有透明感的葉子十分美麗，不只用在金魚水族箱，熱帶水族箱裡也經常有人使用。培育非常容易，但由於扎根很淺，因此如果種得不夠緊實，很容易會漂起來。

DATA

 弱酸性～弱鹼性

蛙蹼草

具有圓形葉子的浮草成員。可以用來飼養會做泡巢的魚類。營養吸收旺盛，能預防鮮苔增生。繁殖過多的話會蓋住整個水面、擋住光線，需要時常去除過多的葉片。

DATA

 弱酸性～弱鹼性

酒杯槐葉蘋

浮草之一，是蕨類植物的成員。在強光下葉片為呈現喇叭狀，弱光下則呈現平坦狀。很會吸收水中的營養成分，在水族箱設置的初期養殖，就能幫忙吸收多餘的養分。

DATA

 弱酸性～弱鹼性

必要的光量　栽培難易度(愈多格愈難)　必要的CO_2量　適合的水質

松藻

以金魚藻名稱而聞名的水草,隨意地讓其漂
在水中也能生長。培養容易,適合初學者使
用。很會吸收水中的營養成分,可以在水族
箱設置的初期用來吸收多餘的養分。

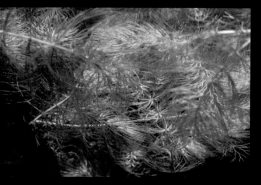

DATA

  弱酸性～弱鹼性

紅虎睡蓮

擁有紅色葉子的睡蓮成員。與印度紅睡蓮相
比葉片形狀較圓,且帶有一點斑紋。培育容
易。根據環境的不同,葉子的大小與生長方
式不盡相同,可以享受不停實驗的樂趣。如
果長出浮葉的話,最好盡快去除。

DATA

  弱酸性～弱鹼性

四色睡蓮

睡蓮的成員,綠色的葉片帶有紅色的斑紋。
營養吸收旺盛,成長過後葉片會長成如手掌
般的大小。如果想養的小一點,可以減少補
充肥料。若長出浮葉最好盡快去除。

DATA

 弱酸性～中性

大香菇

原本是屬於浮葉植物,但也能作為水中葉培
養。經過強光照射後會長出浮葉,看到浮葉
的葉柄就將其摘除,並且把照明調弱即可。
體質相對健壯,不添加CO_2也能慢慢地成
長。

DATA

   弱酸性～弱鹼性

添加CO₂（二氧化碳）

　　很多人在問水草相關問題時經常會問：「需要添加CO_2嗎？」。答案可能跟各位的期待不同，但我認為幾乎所有的水草在添加CO_2後都會生長得更加美麗。

　　有些水草的確不需要添加CO_2，不過在添加CO_2之後，通常都能長得更漂亮，可以更輕鬆地培育。如果想認真培育水草，請務必準備CO_2的添加器具。

1 使用專用的透明風管

連接二氧化碳瓶與擴散器具的風管時，一定要用二氧化碳瓶專用的風管。由於是用來輸送高壓氣體的管線，因此不能用連結空氣幫浦與氣泡石的普通風管代替。

2 維持適當的量

如果添加太多CO_2可能會導致水族箱內的魚缺氧，所以只要添加適度的量就行了。此外，不只有魚會缺氧，用來過濾的硝化菌也可能會受到影響。請各位不要忘記配合飼養水草的種類與數量來調整添加的量。

3 小心漏氣

CO_2的器具是由各式各樣的零件所組成，在使用之前最好先確認各個部位有無缺漏。不同的器具有不同的使用方式，請詳讀說明書之後再開始操作。

4 用計時器做準確的管理

電磁閥是一種能夠利用電力來抑制添加CO_2的商品。只要利用這項道具，就可以利用計時器來設定添加CO_2的時間。照明器具也一起用計時器設定的話，就能進行規律的水草養殖，因此我非常推薦導入計時器。

中・高級造景篇

CHAPTER **4**

能夠享受混養熱帶魚與水草培育樂趣的水族箱

漂流木與神仙魚

飼養王道的熱帶魚 —— 神仙魚

神仙魚可說是水族箱熱帶魚的代表品種，非常廣為人知。適應環境後還會像寵物一樣撒嬌要飼料或是向主人展現優雅的泳姿，是非常具有可看性的熱帶魚。

包含各式各樣的水草，並且能夠欣賞

混養神仙魚與日光燈等多種熱帶魚的水族箱，正是造景設計的王道之一。

本篇將使用石頭與漂流木，挑戰製作豪華的造景水族箱。

◆ *AQUARIUM TANK DATA*

長 60cm × 寬 30cm × 高 36cm

26℃、pH6.2

GRANDE 600R（GEX）

8小時照明／CLEAR LED SG600B（GEX）

Platinum Soil 10 ℓ（JUN）

有白化症的紅頭神仙、珍珠麗麗、日光燈等

鐵皇冠、異葉水蓑衣、迷你小榕、印度小圓葉、
扭蘭、細葉鐵皇冠、針葉皇冠草等

1 水族箱的地基
造景素材與種植水草的空間

這次的造景會確實分開漂流木與石頭等造景素材與種植水草的位置。因為混養神仙魚這種大型強悍的魚類和日光燈時，最好空出可以種植水草的位置，為日光燈做出可以藏匿的地方。

以下將由地基的製作方式開始解說。

◆ 上部式過濾器與加框水族箱

由於上部式過濾器有會使其正下方照不到光的缺點，因此必須盡量避免將比較需要光量的水草種在上部式過濾器的正下方。

優點在於上部式過濾器的過濾性能很高，配合玻璃蓋一起使用，還能減少魚跳出水族箱的情況。此外加框水族箱非常堅固，比較不用擔心受到地震的影響。

1 倒入黑土

設置好過濾器與加熱器等器材後再倒入黑土。

2 配置漂流木

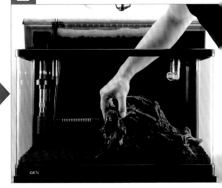

使用漂流木的前幾天，先將其浸泡在水中，確認不會出水面後再放進水族箱。

7 完成地基

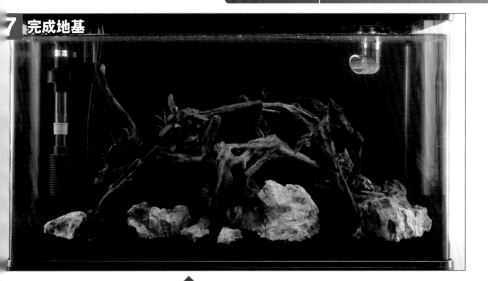

6 倒水進去

水倒在廚房紙巾上。

5 補充黑土

補充後側的黑土。

3 配置附有水草的漂流木

配置附有辣椒榕與黑木蕨的漂流木。

4 配置石頭

小心不要破壞種植水草的位置，並配合漂流木來配置。

2 種植水草
眾多品種的種植方法

　　此造景實際上使用了十五種以上的水草。透過比較種植前後，可以學習如何安排水草的配置。

◆ 配置水草

這種造景的水草配置有以下三個重點。試著比較由上俯瞰的種植前照片，與右頁的種植後照片來確認水草配置的地點。

▶ **漂流木與石頭擺放時基本上以左右對稱為主，不過要稍微擺偏一點**

▶ **紅色系的水草需占20%**　▶ **不要將葉形相近的水草種在一起**

由於照片拍的角度有點傾斜，因此前景的石頭與玻璃之間看起來毫無空隙，但實際上相隔約有一隻手指左右的距離。

◆ 從上往下看的配置圖

　　水草的詳細配置可以參考右圖。將具有附著性的水草與種在底砂的水草均勻配置，就能做出茂盛的造景。

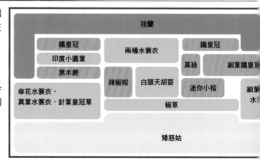

扭蘭

鐵皇冠	兩種水蓑衣		鐵皇冠
印度小圓葉			莫絲	細葉鐵皇冠
黑木蕨	辣椒榕	白頭天胡荽	迷你小榕	
傘花水蓑衣、異葉水蓑衣、針葉皇冠草	椒草			細葉水榕

矮慈姑

後 ▶P105
鐵皇冠
能成長為大型水草的附著性水草。用在後景。

後 ▶P104
爪哇莫絲
附著性水草。插在漂流木之間的縫隙。

後 ▶P102
迷你小榕
附著性水草。附在漂流木上配置。

後
庫拉庫亞辣椒榕
能附著在石頭與漂流木上的水草。為中景草。

後 ▶P155
印度小圓葉
適合中景～後景的小圓葉。為紅色系水草。

後 ▶P105
紅絲青葉
適合中景～後景的有莖草。為淡粉紅色。

後 ▶P105
小獅子草
適合中景～後景的有莖草。

後 ▶P111
扭蘭
線狀水草。適合放在後景。

後 ▶P105
細葉鐵皇冠
具附著性的細葉水草。是中景草。

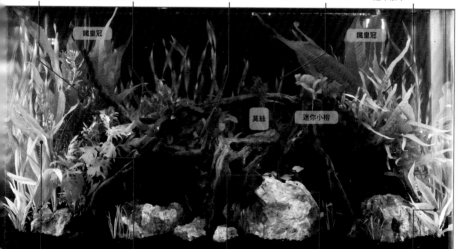

鐵皇冠　　　　　　　　　　　　　　　　　　鐵皇冠

莫絲　迷你小榕

前 ▶P109
傘花水蓑衣
葉子比較大，是適合中景～後景的有莖草。

前 ▶P104
異葉水蓑衣
連結中景～後景的健壯有莖草。

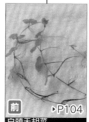

前 ▶P104
白頭天胡荽
圓葉的中景草，可以添加韻味。

前
緋紅安杜椒草
作為中景草，種在漂流木的陰影下。

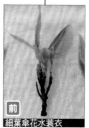

前
細葉傘花水蓑衣
不太會長高的有莖草。

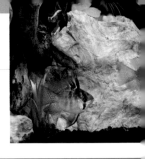

3 混養水族箱的管理

飼養大量魚類的注意事項

在剛開始製作混養水族箱時，希望大家記住一件事情——「混養沒有絕對」。熱帶魚是生物，所以並非每件事情都有辦法預測。

◆ 以飼養熱帶魚為主時，用上部式過濾器會非常方便

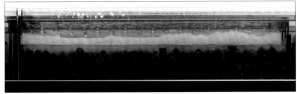

混養水族箱需要餵食飼料給大量的魚，另一方面排泄物也會跟著增加，所以最好使用過濾性能較強的過濾器，而濾槽大、好保養的上部式過濾器正好符合這些需求。

在上部式過濾器中放入環形濾材將有助於長期飼養。

飼養的過程中，如果過濾性能仍然不足，考慮增設一台水中過濾器也是不錯的選擇。

◆ 如果想要觀察水草的生長，也可以增設照明器具。

水草的生長狀況不佳時，增加照明會非常有效。

如果有空位，設置60cm水族箱專用的照明效果會最好。但如果實在是挪不出空間，也可以使用像聚光燈一樣的水族箱夾燈，不過並非每一種夾燈都有辦法夾在加框水族箱上，所以購買時需謹慎挑選。

各種熱帶魚放入水族箱的時機

1 **先放入小型～中型的魚類**

混養水族箱中，首先要放入日光燈等小型魚或荷蘭鳳凰等中型魚，然後靜待牠們回復健康的狀態。

2 **等水族箱的環境穩定後再放入大型魚**

在小型～中型魚之後，才開始放入神仙魚等大型魚。如果缸內有比較虛弱的小型魚，會因為被大型魚追逐而變得更加虛弱，需要多加注意。

珠麗麗。長大以後身長會超過10cm，閃爍如珍珠的光芒非常美麗。

有白化症的紅頭神仙魚視力較差，性情大多比較溫和，適合與其他魚類混養。

全力享受培育水草樂趣的水族箱

鹿角苔與正統石頭的造景

◆ 以「享受培育水草的樂趣」為主題之造景水族箱

這是一個幾乎不放任何熱帶魚、以飼養水草為主題的水族箱。

喜歡「水草冒出氣泡那一刻」的人其實不少，這種造景就用了會冒出許多氣泡的鹿角苔。

讓我們一起學習如何用大型石頭打造具有清涼感的造景水族箱，以及構築正統石頭造景與培養水草的方法吧！

AQUARIUM TANK DATA

長 60cm × 寬 30cm × 高 36cm

26℃、PH6.2

經典過濾器2213（EHEIM）

8小時照明 AQUASKY G602（ADA）

AQUA SOIL・AMAZONIA 9ℓ（ADA）
能源砂 S 1.5ℓ（ADA）

小精靈（耳斑鯰）、大和米蝦等

鹿角苔、尖葉葉底紅、大莎草、牛毛氈、
迷你牛毛氈

1 水族箱的地基

用大量的石頭組成造景

為組成有魄力的石頭造景，必須盡可能準備大量大中小等不同尺寸的石頭。這種造景所需要的石頭數量頗多，包括作為造景中心的基石、比其小一圈的石頭以及包圍在它們周圍的石頭等。以下將介紹製作地基的流程。

1 放入塑膠紙板

配合水族箱尺寸，自行剪裁適當大小的PVC製塑膠紙板。此步驟是為了避免石頭刮傷水族箱的底部。

2 配置石頭

從右側的基石開始配置。此步驟會決定之後的造景架，所以可以多花點時間思考。

Q & A 石頭太小導致無法展現魄力時，該如何是好？

▶ 如果想增加高度，
可以在底下鋪溶岩石

當你覺得某顆石頭的形狀不錯，但是直接放入水族箱又好像無法展現魄力時，可以在底下鋪溶岩石來增加高度。形狀與大小都符合理想的石頭是相當難找到的，所以必須善加利用手邊的石頭去組合出想要的形式。

為增加高度的
溶岩石

為了美觀所下的些許工夫

為避免從水族箱的側面觀看時看到能源砂，可以在周圍倒入黑土掩飾。

3 倒入能源砂

入富含水草所需營養的能源砂。倒在後側種植後景草地方即可。

4 倒入黑土

將黑土倒入整個水族箱內。石頭間的縫隙也要仔細倒入。

5 配置小石頭

在整個水族箱中配置小石頭。注意均衡感、補足黑土，進行最終調整。

6 完成地基

避免破壞造景，小心地把水倒進去。可以在此時設置外部式過濾器。

2 種植水草
製作捲上鹿角苔的溶岩石

這次的造景中使用最多的就是鹿角苔。它原本是浮草的成員，雖然無法像爪哇莫絲一樣附著在其他素材上，但捲在溶岩石上固定使用，是水族箱造景界十分普遍的做法。

◆ 鹿角苔捲溶岩石的製作方法與鹿角苔的配置

1 作法基本上與爪哇莫絲相同

鹿角苔捲溶岩石的製作方法，基本上與製作附上爪哇莫絲的石頭一樣。但這次用的不是莫絲棉線，而是用鹿角苔綁線或是釣魚線。

莫絲棉線會在水草成功附著於素材後自動溶解於水中，但鹿角苔綁線不會溶解。由於鹿角苔不會附著於素材上，因此用不會溶解的線較佳。

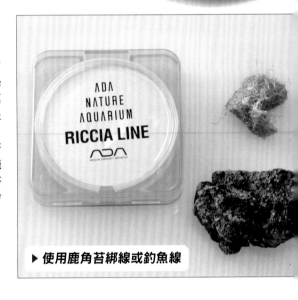

▶ 使用鹿角苔綁線或釣魚線

2 製作鹿角苔捲溶岩石的順序

將鹿角苔綁線綁在溶岩石上。

將鹿角苔放上去。

將鹿角苔綁線一圈一圈地綑綁在溶岩石上。

3 配置鹿角苔捲溶岩石

此造景將鹿角苔捲溶岩石配置在前景～中景。後景因為要種別的水草所以把空間留了下來。總共配置了二十個以上。

剛配置完時，有些鹿角苔會自己浮上水面，用網子把它們撈掉。

為避免鹿角苔鬆開，上下左右都要均勻綑綁。

在溶岩石的下方打結。

捲完之後，將其沉入水中，確認鹿角苔是否會浮起。

3 種植水草
可做出草原的水草

要做出如草原般的造景時，「牛毛氈」是不可或缺的水草。這次也併用了比較短的迷你牛毛氈與長得很像牛毛氈的大莎草。

種植方式並沒有什麼特別的地方，不過由於迷你牛毛氈的根部較短，種植起來相當困難，因此可以參考右頁的重點養殖。

1 種植後景草

將尖葉葉底紅種在後景，就是基石的後方。

2 種植後景草

種植大莎草。只要把根部種進去即可。

3 種植牛毛氈①

將牛毛氈種在左後方。高度大概對齊即可。

4 種植牛毛氈②

右後方也種植牛毛氈。

種植迷你牛毛氈

　　有些水草會裝在像右邊的塑膠杯中販售。根部被固定在白色寒天狀的培養基上，需要先用溫水沖掉培養基、把水草撥鬆以後才能種植。

　　這種塑膠杯中的水草有先調整成比普通的水草盆栽更容易培養的狀態，非常便利。

由於根部被固定在一起，因此需要先分成一株一株後再種植。

種植的順序

整理成一束以後，再用鑷子夾住根部。

直接種下去。

慢慢鬆開鑷子後從黑土中抽出。

▶ **用短一點的鑷子會比較好種植**

6 種植迷你牛毛氈

前景～中景的周圍種植迷你牛毛氈。

中後方也種植迷你牛毛氈。用短一點的鑷子會比較好種植。

4 種植水草

種植後的處理與水草的配置

　　以水草為主的造景水族箱中，使用的通常是富含營養成分的底砂。剛開始可能會因為來不及過濾而長出苔蘚，所以水族箱造景一旦完成，就必須定期換水。

　　像牛毛氈或鹿角苔等修剪後碎葉容易亂漂的水草，種完之後最好要換水。

6 吸出垃圾

用水管吸出散落在底砂附近的寒天狀培養基。注意不要靠得太近，才不會連水草都一起吸掉。

7 換水

8 設置器具

設置CO₂的添加器具。配合過濾器的排水位置，設置在能讓CO₂均勻擴散的位置。

在將垃圾吸出的同時一起進行換水。如果沒有對水質別敏感的水草，可以只換一半的水就行。

▶ 水草的配置

種植時，適當的混合迷你牛毛氈與鹿角苔，生長過後就會形成融合兩種水草的美麗草原。

尖葉葉底紅是唯一的紅色系水草，是造景的重點。

從上往下看的水草配置。可以用來參考迷你牛毛氈與鹿角苔的比例是否均衡。

5 水草水族箱的管理
反覆換水與修剪

　　以水草為主的水族箱，初期的換水與過濾開始穩定後就要開始修剪水草，這點很重要。建議配合製作以後所經過的時間，進行不同的管理。

◆ 剛開始的兩週：一星期換兩到三次水

　　造景水族箱最終應該是由外部式濾器來維持水質，不過剛剛完成地基時先暫時使用外掛式過濾器。儘管如此光這樣是不夠的，因此需要透過定期水來調整。地基完成後，水族箱內會一直維持在營養過剩的狀態，所以換水頻率最好以每週兩到三次（大約換一的水）為準。

　　設立初期，過濾一定會來不及。算裝上外部式過濾器，管線內部也會掉，需要經常換水。

設立完成後的一週可以放入黑線飛狐，之後再加入小精靈（耳斑鯰）與大和米蝦，作為對付苔蘚的策略。

◆ 定期修剪水草

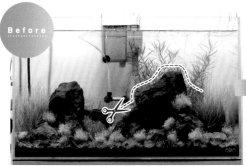

Before

Afte

　　水草必須按照生長的狀態來修剪。特別是鹿角苔，如任由它肆意生長，就會從照不到光線部分開始枯萎，需要好好觀察（參考右頁）。
　　修剪後景草時，可以先預想完成圖，再像上圖一樣照著預想的虛線來修剪。

修剪水草的方法（有莖草・鹿角苔）

1 有莖草要配合預想的虛線修剪

修剪有莖草很簡單。只要先預想修剪過後的水景，再將超出的部分剪掉就行了。

用直剪刀大概修剪一下即可。

預先想好完成圖，可以沿著石頭或漂流木的線條來修剪。

2 鹿角苔要剪得乾乾淨淨

鹿角苔被剪掉的部分會直接浮到水面上，可以照著石頭的形狀剪得乾乾淨淨。由於生長的速度很快，因此固定幾週就要修剪一次。

用前端彎曲的剪刀，靠近底砂的部分會比較好剪。

變換角度把過長的部分剪乾淨。

由於葉子會到處亂漂，因此修剪前要先將過濾器關掉。

位在可取出位置的鹿角苔，也可以拿到外面剪。

修剪過後，用網子將浮在水面的鹿角苔撈起。

20 days 種完水草的一週後

利用換水來維持水質，水草也順利地在成長。這天進行了第一次的修剪，結束後設置了外部式過濾器。

40 days 牛毛氈等後景草都生長得很順利

修剪了過長的大莎草。鹿角苔則進行了第二次修剪。

水族箱的景觀變化（完成期）

70 days

前景～後景都均勻生長、非常茂盛

生長茂盛的水草十分美麗，鹿角苔也經常冒出氣泡。

80 days

經過持續的維持，鹿角苔長得更加茂盛

持續維持後，鹿角苔蔓延得更廣，後景的尖葉葉底紅也長得非常茂盛。

展現專家的技巧——大型水族箱

正統派的專業水族箱

◆ *AQUARIUM TANK DATA*

長 90cm × 寬 45cm × 高 50cm

26℃、PH6.2

經典過濾器2217 ×2台（EHEIM）

8小時照明 索拉RGB（ADA）

AQUA SOIL・AMAZONIA 4ℓ（ADA）
Platinum Soil 9ℓ（JUN）
能源砂 M 4ℓ（ADA）

短吻神仙、紅蓮燈、黃金荷蘭鳳凰等

綠小圓葉、針葉小百葉、紅印度小圓葉、新大珍珠草、珍珠草、小氣泡椒草、中簀藻、矮珍珠等

◇ 用憧憬的90cm水族箱，打造適合高級玩家的熱帶魚與水草造景

　　90cm寬的水族箱在一般的家庭中會有壓倒性的存在感，所以在導入之前必須要仔細考慮清楚。不過，看到自己努力設置的水族箱中，水草與熱帶魚優游的清涼世界，一定能為生活增添不少樂趣。

　　此造景使用了漂流木與青龍石系的石頭，並且均勻地配置了小圓葉與椒草等水草。混養了神仙魚與紅蓮燈等魚類，各式各樣的水草都生長得非常旺盛，共同建構出讓人不會厭倦、能樂在其中的水景。

1 水族箱的地基

大型水族箱的地基製作

使用大型水族箱時,最需要注意的就是整體的重量。底砂、造景素材、水的重量全部加起來將會超過250kg,所以在製作之前一定要先選好一個安定的設置場所。

製作地基的基本方法,與60cm的水草水族箱差異不大。

◆ 吊掛式照明與兩台外部式過濾器

為了確保安定的水流與過濾性能,在此會選擇設置兩台外部式過濾器。

此外,照明選擇了比較好保養的吊掛式照明。90cm水族箱本身的重量通常超過30kg,底櫃與器具的設置都會相當辛苦,因此最好由兩位以上的大人一起製作。

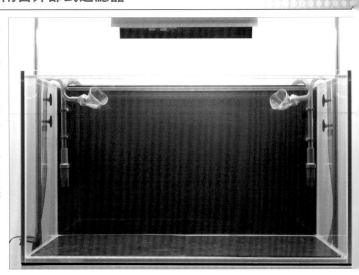

1 放入黑土與溶岩石

與P126一樣,在水族箱底部鋪上一層塑膠紙板,然後在後側排列溶岩石。黑土只要鋪在玻璃牆的周圍即可。

2 思考漂流木的配置

在這個狀態下,模擬造景素材的配置。

6 完成地基

5 調整造景素材的配置

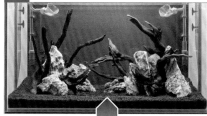

決定石頭與漂流木位置的同時，將水草附著在漂流木上，最後再補充黑土來固定。

3 倒入能源砂

決定好配置後就倒入能源砂，鋪在黑土的內側。鋪的時候記得要讓人從外側看不見能源砂。

4 倒入黑土

鋪上數公分厚的黑土，開始進行漂流木的配置。

2 種植水草
注意整體的模樣

在大型造景水族箱中，由於使用的水草量會增加，因需要事先準備好大量的水草。

【主要的水草用量】小氣泡椒草2盆／錫蘭小圓葉15～20株／新大珍珠草15～20株／牛毛氈1盆（國產燒陶瓷）／紅印度小葉15～20株／珍珠草30株／針葉小百葉30株／綠小圓葉35株／中簀藻10株

◆ 中景草的種植方式

椒草與中簀藻等中景草負責隱藏造景素材之間的連接處。

用鑷子夾住根部。

將根部種植進土中。

迅速的從斜上方抽出鑷子。

◆ 從上往下看的配置圖

主要的水草配置方式如左圖所示。中景～後景種了許多有莖草，漂流木與石頭的周圍種了椒草與中簀藻等中景草。其他部分，則讓黑木蕨與鐵皇冠等附著性水草附在漂流木上面。

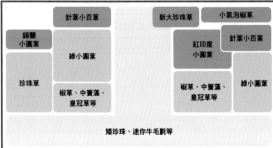

◆ 後景草的種植方式

珍珠草與小圓葉等中景～後景的有莖草可以先整理成束以後再種植。

左後方的珍珠草。　　右後方的針葉小百葉。

◆ 前景草（矮珍珠）的種植方式

將根部整理成束後再用鑷子夾。

輕輕的壓下去種植。

迅速抽離鑷子。

3 管理大型水族箱

儘管體積變大，不過基本的管理方式都差不多

即使水族箱的體積改變，需要做的事情也不會有太大的變化。就是不斷重複清洗與換水、修剪水草，維持水溫，餵食飼料等等。以下將介紹一些重點與水景的變化。

◆ 用水族箱專用的冷卻機管理大型水族箱的溫度時會比較方便

小型～中型的水族箱遇到夏天的高溫問題時，一般大多會推薦用風扇來降溫，不過如果是大型水族箱，光用風扇降溫效果並不佳。這時就可以使用水族箱專用的冷卻機。將冷卻機連結外部式過濾器，就能讓飼育水的水溫確實下降，非常方便。

然而，冷卻機與風扇相比十分昂貴，如果房間不算太寬，那麼也可以利用房間裡的冷氣讓整體房間溫度下降，這樣同樣能解決夏天高溫的問題。不過要是整天冷氣都開著，電費負擔想必也不輕，若要長年培養水族箱的話，可以檢討看看哪個方法比較便宜。

◆ 錯開大型魚與小型魚的餵食時間

在混養多種魚類的大型水族箱中，首先應該由大型魚開始餵食。

讓大型魚先吃飽，小型魚吃飼料時就比較順利。紅蓮燈等脂鯉科專用的飼料中，有一種是顆粒偏硬、神仙魚或珍珠麗麗吃下去的話可能會導致消化不良的飼料，所以只要照著這樣的程序餵食即可。

水族箱的景觀變化（設立初期）

1 day

剛種完水草的樣子

想像整體均勻種植的水草會如何生長，並以每週二到三次的頻率換水。

30 days

中景～後景的水草生長得非常順利

前景的矮珍珠生長得不是很順利，不過其他水草都相當茁壯。再稍微長大一點後就可以進行第一次修剪。

70 days 前景草也開始伸長，整體變得十分茂盛

由於水質已經開始穩定，因此可以開始導入小型～中型魚。水草整體生長得都很順利。

90 days 有莖草長得特別茂盛

中景～後景的有莖草已經長到水面上了。這時可以整理一下草叢的型態，並且進行全體的修剪。

▶水族箱的景觀變化（完成期）

10 days 導入大型魚與調整景觀的時期

迎接神仙魚以後，魚類就都到齊了。此時可以整理草叢的形狀，屬於微調階段。

50 days 水景完成

左右的水草密度增加，具有均衡感的水景就完成了。之後再多花點時間重複修剪與微調的動作，就會變成水草更加茂盛的水景。

🌱 鹿角苔

為浮在水面上生長的蘚苔成員。不具附著
性，通常會捲在平坦的石頭與流木上使用。
強光量與大量的CO_2是培養的重點。培養
順利的話，細小的葉子中就會冒出氣泡（如
照片）。

DATA

🔆 ▮▮▮▮▮　　　CO_2 ▮▮▮▮▮

⭐ ▮▮▮▮▮　　　💧 弱酸性〜中性

🌱 越南三角葉

根據造景的不同，前景或中景都能使用的珍
貴水草。若能維持高光量與添加CO_2，培
養起來並不困難。營養吸收能力高，需要注
意其他水草是否有營養不良的狀況。

DATA

🔆 ▮▮▮▮▮　　CO_2 ▮▮▮▮▮

⭐ ▮▮▮▮▮　　💧 弱酸性〜中性

🌱 三裂天胡荽

三葉草型的圓葉十分可愛。高光量、CO_2
的添加、肥料等條件都齊全的話，就能在短
時間內長得非常旺盛，占滿水族箱的前景。
光量如果不足，就可能會往縱向生長而非橫
向。

DATA

🔆 ▮▮▮▮▮　　　CO_2 ▮▮▮▮▮

⭐ ▮▮▮▮▮　　　💧 酸性〜中性

迷你矮珍珠

育起來相對困難的水草，不過只要不偷
，維持高光量與添加CO_2、定期施肥
，就會慢慢的生長。與其他水草相比，偏
硬度較高的環境，適合種在用石頭組成的
景內。

A T A

 ★ 弱酸性～弱鹼性

✿ 牛毛氈

靠匍匐莖繁殖的水草。特徵為如針般纖細的
葉子，能為水景帶來清涼感。種植時需要分
開成幾株，用鑷子耐心的種下。另外還有小
型～大型的其他幾種成員。

D A T A

弱酸性～弱鹼性

矮珍珠

氣很高的前景草。高光量與添加大量的
〇$_2$能使其生長旺盛，小小的葉子如綠色
地毯般美麗，覆蓋著水族箱底面。低光量
肥料不足的狀態下，可能會導致向上生長
非橫向生長。

A T A

 ★ 弱酸性～中性

🌱 珍珠草

生長著密集小葉的水草，成群種植的話會[非]
常美麗。只要待在適當的環境下，培養起[來]
就很容易，也會大量進行光合作用。種在[稍]
微有些硬度的地方會生長得較好，如果硬[度]
太低可能會枯萎。

DATA

弱酸性～弱鹼性

🌱 新珍珠草

珍珠草的改良品種。與三～四輪生（一節會
長出三至四片葉子）的珍珠草相比，此品種
因為是兩輪生，所以比較難長成具有厚度的
草叢。特徵為伏地生長，希望能運用在可以
活用此特徵的造景中。

DATA

弱酸性～中性

🌱 大新珍珠草

特徵為葉子外觀較為圓潤。不像珍珠草需[要]
生長在有硬度的地方，偏好新的黑土。成[長]
的速度很快、很容易產生厚度。吸收養分[的]
能力相當強，新芽如果變得白白的，就要[補]
充含有鐵分等營養的肥料。

DATA

弱酸性～中性

💡 必要的光量　🌱 栽培難易度（愈多格愈難）　CO₂ 必要的CO₂量　💧 適合的水質

中簀藻

細的葉子十分美麗，是造景水族箱的代表
種。這種水草一般會透過腋芽而非匍匐莖
殖，比較好管理。主要用來隱藏漂流木與
頭底部和後景草的下葉。生長時光量需求
高。

DATA

弱酸性～中性

火焰莫絲

能夠附著在漂流木與石頭上，為蘚苔的成
員。強光與添加CO_2能促進其生長。因會
朝著照明的方向向上生長，而且形狀就像火
焰一般，故得此名。附著在枝狀漂流木等上
面的模樣十分美麗。

DATA

  弱酸性～中性

南美莫絲

夠附著在漂流木與石頭上，為蘚苔的成
，葉子會展開成三角形的模樣。如同其
，為南美產的水草，附著性稍弱。此外，
於葉子的形狀容易產生陰影，因此需要靠
期修剪來維持。

ATA

  弱酸性～中性

美國鳳尾蘚

能夠附著在漂流木與石頭上，為蘚苔的成
員。此品種與其他的莫絲相比，價格偏高且
生長緩慢。生長過後會呈現非常美麗的深綠
色。

DATA

 弱酸性～中性

鹿角鐵皇冠

鐵皇冠的突變種。葉片前端分岔得很細，常具有存在感，因此能為造景水族箱增添獨特的韻味。與其他蕨類用同樣的方式培養即可。

DATA

弱酸性～中性

三叉鐵皇冠

細長的葉子分支形成十字狀。生長彎曲重疊，非常茂密壯觀。與其他的蕨類一樣要小心高水溫。讓它慢慢生長的話，就會成為十分美觀的中景草。

DATA

弱酸性～中性

黑木蕨

非洲的代表蕨類。水中葉具有透明感，十分美麗。低光量也能順利生長，可以配置在漂流木的陰影下。比起種植在底砂中，讓其附著在漂流木上更能順利生長。

DATA

弱酸性～中性

聖加布里爾太陽

型擴張的葉子非常可愛，為南美產的水
。偏好pH值較低的軟水，因此培養時最
使用黑土。肥料不足時，葉子會出現白化
形，所以請務必記得定期施肥。

DATA

酸性～弱酸性

寬葉太陽

從上面看時葉子形狀如太陽般而得此名。由
於偏好pH值低的軟水，因此培養時最好使
用黑土。肥料不足時，葉子會出現白化情
形，所以請務必記得定期施肥。

DATA

酸性～弱酸性

穀精太陽

特徵為往外側捲曲的葉子。適合在使用黑土
的環境下生長，可以多添加CO_2。容易被
魚子誤食。在水質不適合的環境中，葉子前
端會變成咖啡色而漸漸枯萎。

DATA

弱酸性～中性

蓋義蝦藻

纖細的葉子往下捲曲，其在水中飄逸的模樣
十分優雅。在不同的環境下，顏色會變化
成綠色或褐色。培養時需要高光量、添加
CO_2與液態肥料。在小型水族箱的後景與
大型水族箱的中景都適用，用途廣泛。

DATA

弱酸性～弱鹼性

🌿 錫蘭小圓葉

以黃綠色的葉子與褐色的莖部為特徵，葉片背面帶有一點粉紅色，觀賞時會隨著不同的角度而改變印象。不會挺直地生長，稍有些傾斜，經過修剪後可以作為中景草使用。培養容易。

DATA

弱酸性～弱酸性

🌿 綠小圓葉

光靠修剪就能簡單地調整厚度與形狀，是製作水草造景水族箱的人氣品種。培養容易，在弱酸性的軟水、高光量與添加CO₂的環境下便能順利生長。密集生長時會非常美麗。

DATA

弱酸性～中性

🌿 針葉小百葉

特徵為極細的葉片。密集生長的話會相當有厚度，可以在大型水族箱中作為後景草使用。營養不足時葉子可能會縮小或變稀疏，需要多加注意。

DATA

弱酸性～中性

 必要的光量　 栽培難易度（愈多格愈難）　必要的CO₂量　適合的水質

紅松尾

子的前端帶點紅色，為小圓葉的成員。柔
的葉子長起來十分密集，因此也被稱為
松鼠的尾巴」。添加含有鐵分的液態肥料
以使其紅色變得更加鮮艷。

DATA

 弱酸性～中性

青蝴蝶

特徵為圓潤的葉片，非常可愛。會根據光量
與肥料的比例變化成紅色或綠色。營養不足
時葉子可能會變透明或是溶解於水中，需特
別留意。

DATA

 弱酸性～中性

紅蝴蝶

片柔軟且偏大，為小圓葉的成員。在軟水、
光下生長時會變成非常鮮豔的紅色，相當壯
。導入水族箱時，如果傷到根部或莖部會變
很容易融解，在種植時需非常小心。

ATA

 弱酸性～中性

紅印度小圓葉

葉子呈現紅色的小圓葉。足夠的光量、照明
與CO_2能讓其顏色變得更加鮮艷。大量種
植後會成為後景草的主角，能為水族箱帶來
華麗的氛圍。

DATA

 弱酸性～中性

細葉水丁香

與尖葉葉底紅相比，較寬的葉片為其特徵。體質健壯，就算水溫偏高也不容易融解。樸的紅色葉子能為水景增添獨特的韻味。大之後，當作大型水族箱的後景草也相當觀。

DATA

💡	🌫️CO₂
★★	💧 弱酸性～中性

尖葉葉底紅

擁有紅色纖細的葉片，大量種植時能營造出華麗的氛圍。適合在高光量、添加CO₂與弱酸性的環境中生長，導入時需特別注意。扎根以後就會非常健壯，生長的過程會往橫向蔓延。

DATA

💡	🌫️CO₂
★★	💧 弱酸性～中性

百葉草

特徵為帶點紅色的葉片。光是一株就非常有存在感，能夠成為造景中的主角。若因量換水而導致pH值與硬度有所變化，新就會開始萎縮，需要多加小心。

DATA

💡	🌫️CO₂
★★	💧 弱酸性～中性

💡 必要的光量　★ 栽培難易度（愈多格愈難）　🌫️ 必要的CO₂量　💧 適合的水質

綠雪花羽毛

得很像寶塔草，不過葉片比寶塔草更加細
。生長速度相當快，為避免營養不足，需
補充含有鐵分的肥料。經常修剪的話葉子
會變小，在造景中也會變得比較實用。

DATA

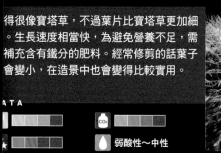

🔆　　　　　　　　　 CO₂

⭐　　　　　　　　　💧 弱酸性～中性

大莎草

又名「雨傘植物」。特徵為挺直生長的細長
葉片。種太深的話容易枯萎，長得過於茂盛
又會導致水族箱堵塞，因此需要定期用剪刀
修剪。

DATA

🔆 　　　CO₂

⭐⭐　　　　　💧 弱酸性～中性

泰國水劍

挺直生長的細長葉片非常適合搭配石頭或漂
木。老舊變色的葉子可以從根部修剪掉。
養時需要高光量與添加CO₂，建議等水
箱的環境穩定後再種植。

DATA

🔆　　　　　 CO₂

⭐　　　　　💧 弱酸性～中性

小柳

一個莖節會長出兩枚葉片。細長的葉子適合
放在後景。種得太密集的話，照不到光的下
葉可能會融解，需要特別留意。可以種在中
景～後景，是非常實用的水草。

DATA

🔆 　　　CO₂

⭐⭐ 　💧 弱酸性～弱鹼性

水草與熱帶魚　索引

附上本書的水草與熱帶魚
主要登場的頁數。

 PLANTS

🐟 FISH

◆監修者簡介

千田義洋

職業水族設計師。於眾多造景比賽中取得優秀成績，也常接受電視節目、水族箱雜誌的採訪等，是一位在各個領域中表現都相當活躍的水草造景師。

Aqua Design Milia delectu
アクアデザイン ミリアデレクト

由千田義洋親自為個人住家、公司指導水草造景水族箱的製作、保養，專門支援水族相關設計的公司。平日除了上電視節目，也會為戲劇或電影提供配套的水族箱設備。從淡水魚、熱帶魚、金魚之水族箱保養，到水族箱的遷移等等，服務範圍非常廣泛。

監修 水槽製作	千田 義洋
照片	平井 伸造
照片 等 協力	カミハタ／太平洋セメント／プレココーポレーション／ テクニカ／寿工芸／ジェックス／エヴァリス／ アクアデザインアマノ／ゼンスイ／JUN／青木あや
插圖	船橋 史
編輯‧設計‧DTP	OFFICE 303（三橋 太央）
企劃‧編輯	成美堂出版編輯部（駒見宗唯直）

特別協力

Tropiland
小平店

首都圈規模最大的
水族專賣店

AQUA FOREST
新宿店

提供300種以上水
草的熱帶魚‧水草
專賣店

圖解水族箱造景
從選擇熱帶魚‧水草開始，打造心目中的優游水世界

2018年9月 1 日初版第一刷發行
2022年3月15日初版第二刷發行

監 修	千田義洋
譯 者	胡文菱
編 輯	魏紫庭
美 術 編 輯	竇元玉
發 行 人	南部裕
發 行 所	台灣東販股份有限公司
	＜地址＞台北市南京東路4段130號2F-1
	＜電話＞(02) 2577-8878
	＜傳真＞(02) 2577-8896
	＜網址＞http://www.tohan.com.tw
郵 撥 帳 號	1405049-4
法 律 顧 問	蕭雄淋律師
總 經 銷	聯合發行股份有限公司
	＜電話＞(02) 2917-8022

購買本書者，如遇缺頁或裝訂錯誤，
請寄回調換（海外地區除外）。
Printed in Taiwan

TOHAN

國家圖書館出版品預行編目資料

圖解水族箱造景：從選擇熱帶魚.水草開
始，打造心目中的優游水世界 ／ 千田義洋
監修；胡文菱翻譯. -- 初版. -- 臺北市：臺
灣東販, 2018.09
160面；14.8×21公分
ISBN 978-986-475-769-5 (平裝)

1.養魚 2.水生植物

438.667   107012972

NETTAIGYO MIZUKUSAERABIKARA
HAJIMERU AQUARIUM
© SEIBIDO SHUPPAN 2018
Originally published in Japan in 2018
by SEIBIDO SHUPPAN CO., LTD.
Chinese translation rights arranged
through TOHAN CORPORATION, TOKYO.